東大畢業講師

教小學生

看漫畫

解數學

東大畢業專業數學講師 **小杉拓也 星野裕未**

前言

大家好，
我是漫畫家
星野裕未。

二

步入中年後，
小學數學幾乎
都還給老師了。
當我唸小學的時候：

① 上課時都在課本
的空白處畫畫。

② 考試前才
臨時抱佛腳。

啊嗚
啊嗚

③ 能拿到
65分
就不錯了。

回到 ①

4

課程班班爆滿，一位難求的專業數學講師，東京大學畢業。

將數學不好的孩子一個一個送進明星中學。

請問這兩位是⋯

他們堅持要這樣介紹⋯

編劇

編輯

呃⋯總而言之

不懂數學是非常可惜的！！

5

理解小學數學除了對日常生活有許多好處，

還能訓練我們的「邏輯能力」。

因為算數就是不斷練習若A則B、若B則C的邏輯推理，

所以可以提昇閱讀能力和論述能力，使人生更充實。

模糊的論述是無法傳達本質的。

原來如此。

而且還能解答孩子們的

「為什麼」!!

6

如果孩子問你「為什麼分數的除法要倒過來算？」

你答得出來嗎？

唔唔⋯

我自己都不知道為什麼⋯

就算數學不好也沒問題!!

請各位爸爸媽媽都一起來學!!

當然小學生甚至中年人大學生也沒問題。

歡迎所有想重新學好數學的人!!

普通的中年人 →

話說那件披風是什麼？

裡面有放道具唷～

哇！

CONTENTS

小學生最常問的5個問題

因為因為……

星野裕未

對數學的記憶十分朦朧的
漫畫家。將代替家長
把不懂的部分通通問清楚！

你答得出來嗎？

小杉拓也老師

東大畢業的數學講師。
曾幫助眾多數學不好的
小學生進入明星中學。

第 1 章

整數的
計算

※整數…0、1、2、3、4、5…之類的數。

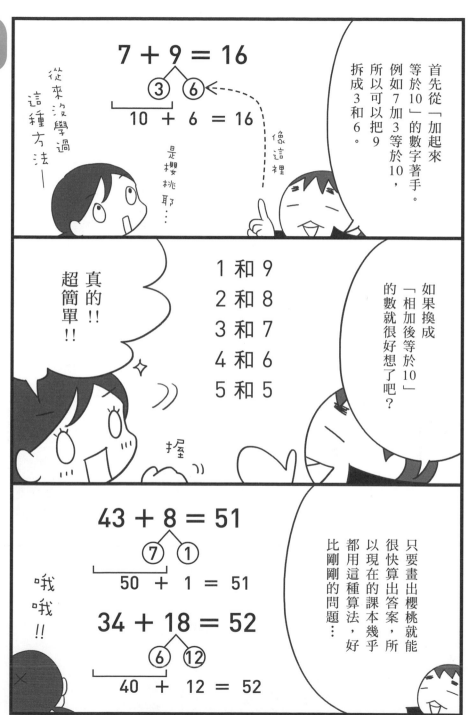

然後是筆算的方法。

65 + 97

請用筆算解答這題。

筆算

就是直式計算嗎？

對對

1
65
+97
―――
162

對嗎？

將個位數的5和7
相加得出12
↓
把12的「個位數2」
寫在下面
↓
把12的「十位數1」
寫在6上面
↓
最後將「寫在上面的1」和
「十位數的6和9」相加得出16
寫在下面

答對了！！
就是這樣
算的喔←

即使遇到三位數、四位數……等大數，都可以用這個方法進行加法的筆算！

另外
加法算出來的
答案稱為
『和』

呼～

2　整數的減法

接著來試試要退位的減法吧。

13 − 8 ？

呃——…

5 ？

63 − 27 ？

呃——

呃——…

可…可惡的退位減法…嗚嗚

減法也可以用櫻桃算法來解喔。

$$13 - 8 = 5$$

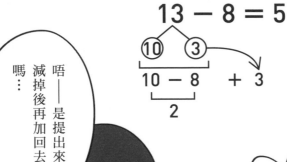

10 − 8 ＝ 2
＋ 3

唔——是提出來減掉後再加回去嗎…

那麼換成這樣呢？這是提出來減完後再減一次的方法喔。

$$13 - 8 = 5$$

③　⑤

13 − 3 − 5 ＝ 5

10

我覺得這邊更好懂

如果覺得「提出來加回去」的櫻桃算法不好理解

就改用「提出來後再減一次」的算法!!

再來請試著用筆算計算63－27。

還有，減法的答案叫做『差』喔

$$63 - 27$$

我想想想

從旁邊借位過來…是這樣嗎？

$$\begin{array}{r} 5\kern-0.5em\diagup 6\,3 \\ -2\,7 \\ \hline 3\,6 \end{array}$$

答對了!!

完整順序是這樣。

因為個位數的3
不夠減7
↓
所以從63的十位數
借1過來
變成13－7＝6
↓
63的十位數6
借出去1後變成5
↓
所以十位數是5－2＝3

來，請用硬幣排排看吧

好的～

排好了！

6
⑩⑩⑩
⑩⑩⑩

3
①①①

2
⑩⑩

7
①①①
①①①
①

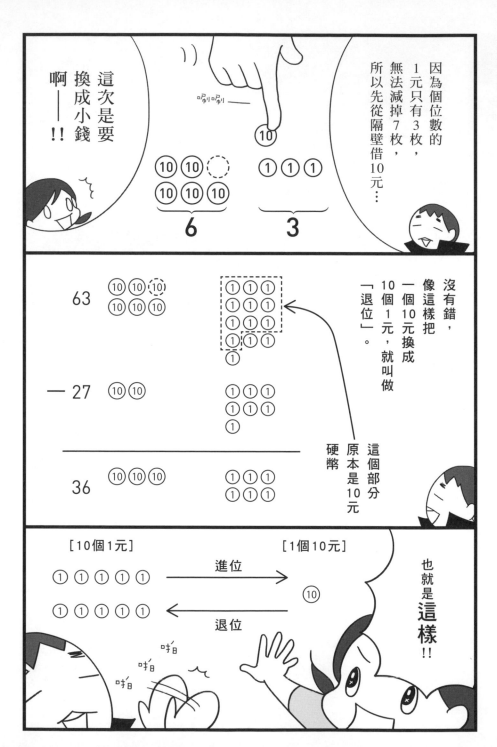

因為個位數的1元只有3枚，無法減掉7枚，所以先從隔壁借10元…

這次是要換成小錢啊──!!

沒有錯，像這樣把一個10元換成10個1元，就叫做「退位」。

這個部分原本是10元

硬幣

63　⑩⑩⑩⑩⑩⑩　　①①①①①①①①①①①①①①①①

— 27　⑩⑩　　①①①①①①①

36　⑩⑩⑩　　①①①①①①

也就是這樣!!

[10個1元]　　　　　　　　[1個10元]

①①①①①　→ 進位 →　⑩

①①①①①　← 退位 ←

3 整數的乘法

接下來是乘法。九九乘法應該還記得吧？

大概…

不過7和8的部分有點模糊…

那麼我們就直接來看二位數以上的計算方法吧。

來，請用筆算算這兩題──

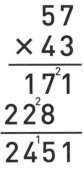

哦！算得不錯屋──

答對了!! 第一題的完整順序是這樣。

先把6×9＝54的「個位數4」寫在下面

↓

然後把6×3＝18的18加上剛剛進位的5得到23

↓

最後把23寫到下面得出答案234

20

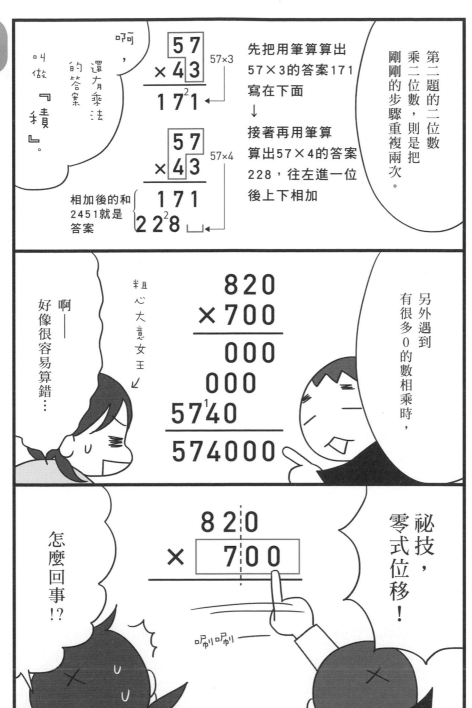

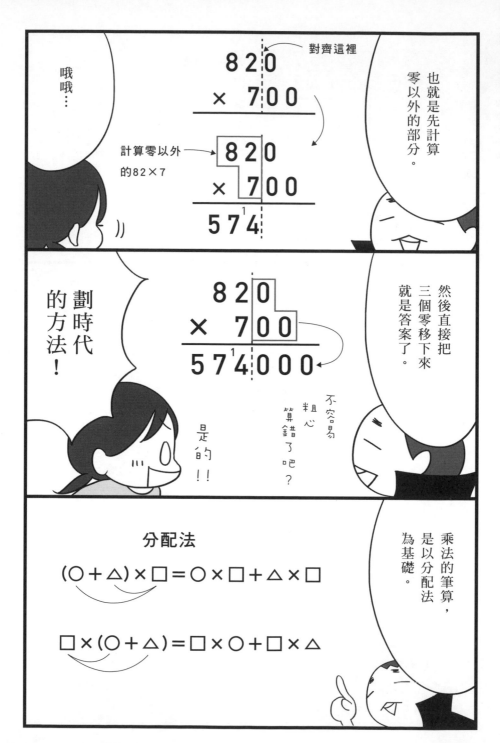

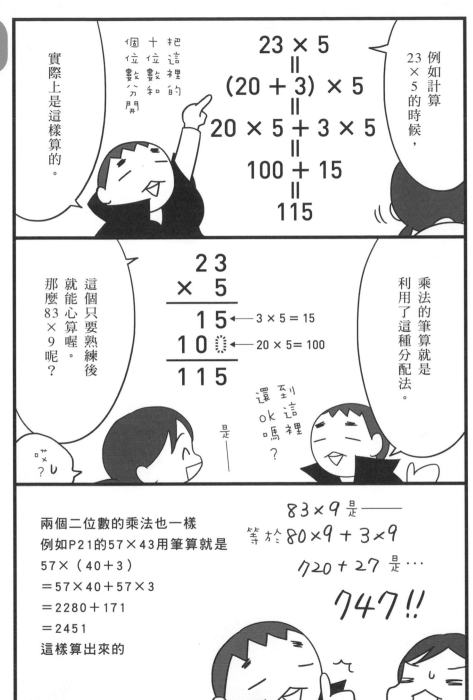

$$9 \div 2 = 4 \text{ 餘 } 1$$

被除數

除數

商

餘

除法的解叫做『商』喔

是——

除法的部分，請記住下面四個名詞。

你知道這個算式是什麼意思嗎？

唉？呃——把9個蘋果…

分給2個人，每人拿到4個，最後剩下1個…？

那如果每個人拿2個，最後剩下5個的話呢？

唉——這樣不就失去2個人分的意義了嗎…

沒錯!!

除法的「餘數」一定要比「除數」更小。

24

除法的意義有兩種。

例如 6 ÷ 3，

吓ㄨ····是這樣嗎？

用剛剛的分蘋果來思考，

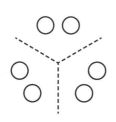

就是把6分成3等分，每人拿到2個。

另一種是想成一個數中有幾個數。

例如6裡面有2個3。

好比下面的算式簡單來說就是：

$42 \div 7 = \square$

↓

42 裡面有 $\square$ 個 7 ？

換句話說，也就是7乘以多少才會成為42的意思。

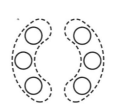

$7 \times \square = 42$
$\square = 6$ ！！

哦哦

正確答案～

那麼來看看筆算吧。

〔第二題〕

17)87

〔第一題〕

```
    2 5
3)7 5
  6
  1 5
  1 5
      0
```

啊～
數字都好大
答案是多小啊…
會是4嗎？

第二題的解法	第一題的解法
推算 87 除以 17 的商 然後算出商為 5	② 3)7 5 將 75 的十位數 7 除以 3 的商 2 寫在十位數上
將 5 乘以除數 17 的積 85 寫到下面	② 3)7 5 　6 2 乘以除數 3 得到 6 寫在 7 的下面
 將 87 減 85 的差 2 再寫到下面 求出餘數為 2	2 3)7 5 　6 　1 5 將 7 減 6 的答案 1 寫在下面，然後再把 75 的個位數 5 移到下方
	2⑤ 3)7 5 　6 　1 5 將 15 除以 3 的商 5 寫在個位數
答案 **5 餘 2**	2⑤ 3)7 5 　6 　1 5 　1 5 　　0 最後將 5 乘以 3 的積 15 寫在 15 下面 因為 15 減 15 等於 0 故沒有餘數
	答案 25

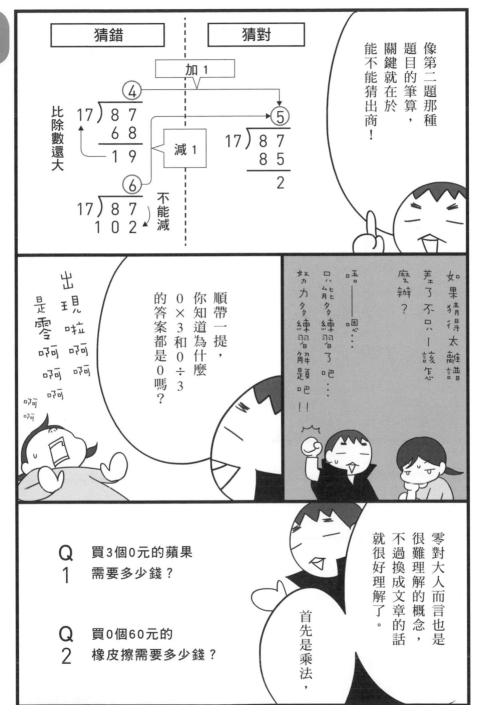

28

5　計算的順序

①一般是由左往右算

②乘除比加減先算（先乘除後加減）

③（　　　）內的部分先計算

整數的部分最後要介紹的是計算順序。

啊——
知道知道

例如這題要從哪裡開始算呢？

$$3+2\times4\div2-3$$

這裡

從 2×4 開始

沒錯，然後是計算 $\div2$。還不熟的時候可以在 $+-\times\div$ 下面標上①②③④……等順序。

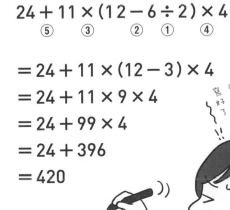

$$24+11\times(12-6\div2)\times4$$
$$⑤\quad③\quad②\quad①\quad④$$

$$=24+11\times(12-3)\times4$$
$$=24+11\times9\times4$$
$$=24+99\times4$$
$$=24+396$$
$$=420$$

最後一題!!

雖然有點麻煩但還是寫好了!!

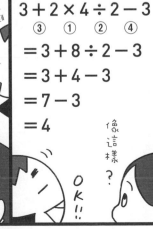

$$3+2\times4\div2-3$$
$$③\quad①\quad②\quad④$$
$$=3+8\div2-3$$
$$=3+4-3$$
$$=7-3$$
$$=4$$

像這樣？

OK!!

「整 數 的 計 算」總 整 理

需 要 進 位 的 加 法 （ 櫻 桃 算 法 ）

計算需要進位的加法（櫻桃算法）時，最重要的是能否馬上想出「**相加等於10的數**」。如果做不到的話，就勤加練習直到能馬上答出下列的□吧。

$1+\square=10$ $2+\square=10$ $3+\square=10$ $4+\square=10$ $5+\square=10$

$6+\square=10$ $7+\square=10$ $8+\square=10$ $9+\square=10$

加 法 的 筆 算

筆算需要進位的加法時，如果還不熟練的話，**就先在要進位的地方寫上「1」**。如果不寫的話，有可能會因為粗心而忘了加上「1」喔。

〔例〕$65+97=$

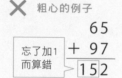
✗ 粗心的例子

$$\begin{array}{r} 65 \\ +\ 97 \\ \hline 15\ 2 \end{array}$$

忘了加1而算錯

〇 正確的例子

$$\begin{array}{r} \overset{1}{6}5 \\ +\ 97 \\ \hline 162 \end{array}$$

寫上1

需 要 退 位 的 減 法 （ 櫻 桃 算 法 ）

一如第16頁所介紹的，減法的櫻桃算法有兩種（「先減完再加回」的方法和「減完後再減一次」的方法）。因為很多小學的課本教的是「先減完再加回」的方法，所以這裡我們再複習一次該解法。

〔例〕$13-8=$

$$13-8=5$$

⑩　③

①在13的下面畫櫻桃
②將13分成10和3，寫在櫻桃內
③用10減8得到2
④再用2加回3，得到答案5

30

減 法 的 筆 算

在減法的筆算中，要向前一位的數借1過來時，可把原來的數劃掉，**寫上減1後的數**。加上這個步驟，可以減少粗心算錯的機率。

〔例〕63－27＝

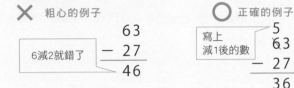

若 剛 好 是 零 結 尾 的 整 數 減 法 就 用 心 算

例如「1000－568」，如果直接用筆算的話，因為需要退位，算起來很麻煩。但只要明白**「用1000去減」等於「用999去減後再加1」**，就能像下面這樣，不用退位便輕鬆解出答案。

$$1000 - 568 = 999 - 568 + 1 = 431 + 1 = \underline{432}$$

乘 法 的 筆 算

乘法的筆算也是，在還不熟練的時候，記得**用小字寫上要進位的數**。只要做好這點，就不會忘記要加上進位的數，確保計算時不會犯錯。

$$
\begin{array}{r}
39 \\
\times\ 6 \\
\hline
23\,^54
\end{array}
$$
把進位的數用小字寫上

除 法 的 4 種 術 語

學習除法要記住**「被除數」**、**「除數」**、**「商」**、**「餘數」**等4個名詞。「商」就是除法解出來的答案。此外還要小心別混淆「除數」和「被除數」。

[例] 被除數 $\downarrow$ 9 $\div$ 除數 $\downarrow$ 2 $=$ 商 $\downarrow$ 4 餘數 餘 $\downarrow$ 1

除法的筆算

除法的筆算要注意「對齊位數」。還不熟練時，可以在有格線的筆記本上計算。

〔例〕$3751 \div 8 =$

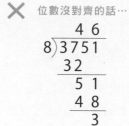

✗ 位數沒對齊的話…

$$\begin{array}{r} 4\,6 \\ 8\overline{)3751} \\ 32 \\ \hline 5\ 1 \\ 4\ 8 \\ \hline 3 \end{array}$$

○ 位數有對齊的話…

$$\begin{array}{r} 468 \\ 8\overline{)3751} \\ 32 \\ \hline 55 \\ 48 \\ \hline 71 \\ 64 \\ \hline 7 \end{array}$$

0 的 乘 法 和 除 法

「1個」和「2條」都是看得見的數。然而，「0」卻是看不見的數。用看不見的數乘以或除以其他數…深入思考的話，很容易讓腦袋混亂。因此，家長可以用P27和P28所舉的例子，幫助孩子清楚理解其中的意義。

計 算 的 次 序

計算的基本次序是「括號→×÷→＋－」。還不熟練的時候，就像下面這樣，在＋－×÷的下面寫上編號來計算吧。

$$3 + 2 \times 4 \div 2 - 3 =$$
　③　　①　　②　　④

寫上代表順序的號碼後再計算！

第 2 章

小 數 的
計 算

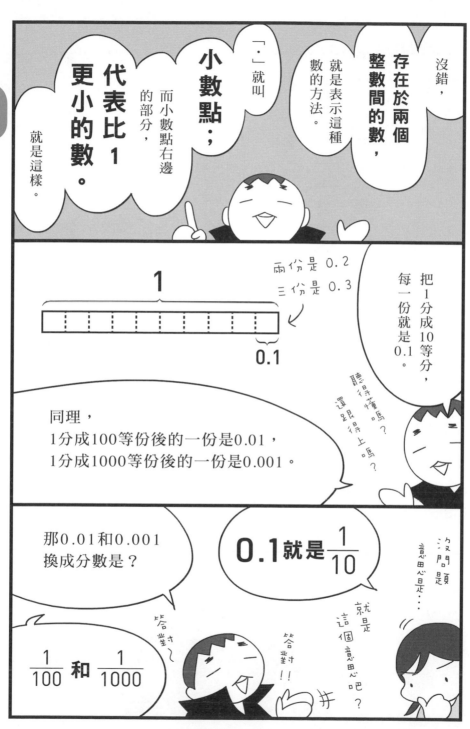

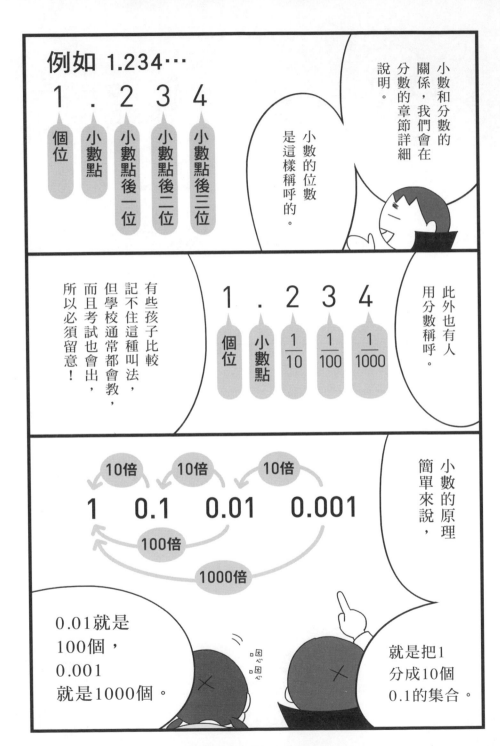

問題1 　**3.26** 等於

ㄅ 個 1，ㄆ 個 0.1，ㄇ 個 0.01 的總和。

請問ㄅ、ㄆ、ㄇ各為多少？

那麼，來練習幾個簡單的問題吧。

1 是 3個
0.1 是 2個
0.01 是 6個 …

ㄅ是 3，
ㄆ是 2，
ㄇ是 6，

對吧!!
OK!!

畫成數線的話…

這附近…
大概是

0　1　2　3　4　5

數線就是把數平均地用直線表達出來的線！

最後一題!!

問題2

2.05 是 ㄈ 個0.01加起來的數。請問ㄈ是多少？

沒錯，這麼一來我們就簡單介紹完小數了。

因為一是100個0.01加起來的數…

205!

2 小數的加法和減法

接著要來介紹小數的加法喔。

好像很麻煩⋯

其實過程跟整數的筆算幾乎一樣，

不過有一點要注意!!

計算時要對齊小數點!

①4.2＋3.6
②0.68＋22.7

就是直式計算吧?

就是這樣。那麼就來實際算算看吧～

請計算上面的題目。

②
```
  0.68
+22.70
```

①
```
  4.2
+ 3.6
```

這樣⋯

沒錯，你有對好小數點呢。

這樣相同的位數就能正確相加。

像②這種小數點後位數不一樣的題目，計算時應該在後面補上「0」。

38

先對齊小數點…

然後當成整數的
加法…

最後補上
小數點！

$$\begin{array}{r} 0.68 \\ +22.70 \\ \hline 23.38 \end{array}$$

$$\begin{array}{r} 4.2 \\ +3.6 \\ \hline 7.8 \end{array}$$

還有這兩題可以先當成
42＋36、68＋2270

等算到最後時
再補上小數點…

OK!!

再用同樣的方法
試試減法吧。

①8.27－2.47
②11.5－4.36

老師!!
這裡不能減!!

$$\begin{array}{r} 11.5 \\ -\ 4.36 \\ \hline \end{array}$$

$$\begin{array}{r} 8.27 \\ -2.47 \\ \hline \end{array}$$

做好了。

咦!

$$\begin{array}{r} 11.50 \\ -\ 4.36 \\ \hline 7.14 \end{array}$$

$$\begin{array}{r} 8.27 \\ -2.47 \\ \hline 5.80 \end{array}$$

這裡的「0」記得
預先消掉，

有的老師
看到5.80會扣分。

來

$$\begin{array}{r} 11.50 \\ -\ 4.36 \\ \hline \end{array}$$

補上零
就好了啊…

啊！

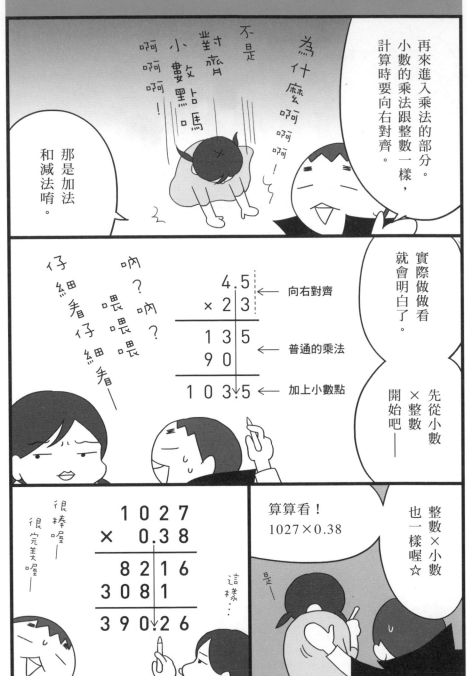

4 小數的除法

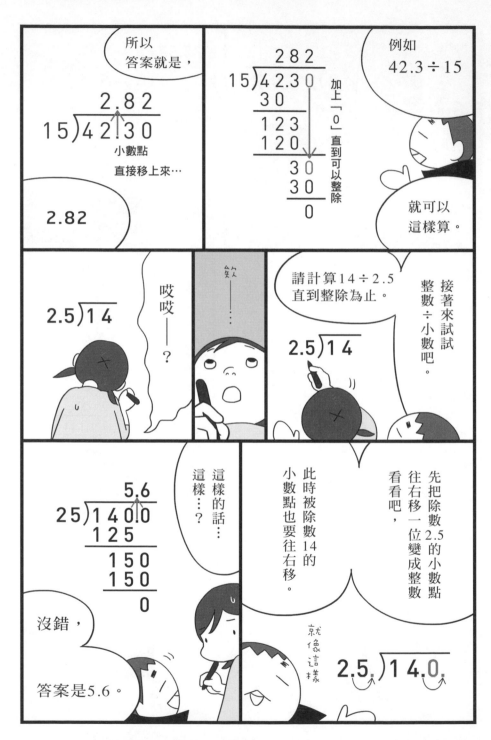

44

例如…

$$3200 \times 0.05$$

這一題其實可以換成更簡單的數字來算。

也一併整理一下吧。

這裡就順便把乘法的小數點移法，

不用把小數點移回去嗎…

不需要女月

是的。小數點往右移2位的意思就是「乘以100」。

可是這樣的話積也會變成100倍，所以必須在其他地方「除回100」。

5是0.05的幾倍呢？

小數的原理之前學過了！是100倍！

可以換成這樣。

$$32.00. \times 0.05.$$

左移 2 位　　右移 2 位

$$\downarrow$$

$$32 \times 5$$
$$= 160$$

耶—

所以3200才會變成32啊!!

沒錯。兩個數相乘的時候，只要兩邊的小數點往反方向移動相同位數，答案就不會改變。在計算消費稅的時候很方便喔☆

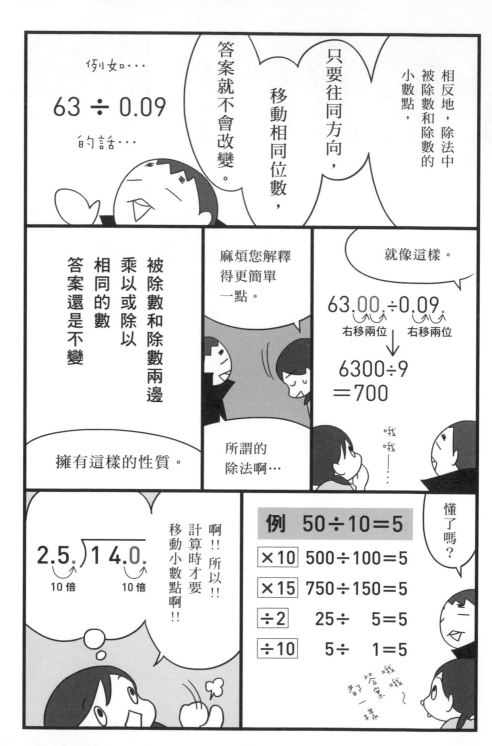

46

小 數 位 數 的 名 稱

例如，「小數點後一位」又叫「$\frac{1}{10}$」。**小數的位數有兩種稱呼法**，請兩種都要記住。

2 . 3 4 5

- 小數點後三位（$\frac{1}{1000}$）
- 小數點後二位（$\frac{1}{100}$）
- 小數點後一位（$\frac{1}{10}$）
- 小數點
- 個位

小 數 的 加 法 與 減 法 之 筆 算 （1）

筆算小數的加減法時要記得「**對齊小數點**」。如果用小數乘法的方式，靠右對齊來計算的話，很容易出現下面的錯誤。

〔例〕$0.68 + 22.7 =$

✗ 靠右對齊計算的話⋯

$$\begin{array}{r} 0.6\ 8 \\ +2\ 2.7 \\ \hline 2\ 9.5 \end{array}$$

○ 對齊小數點計算的話⋯

$$\begin{array}{r} 0.68 \\ +22.7 \\ \hline 23.38 \end{array}$$ 對齊小數點

小 數 的 加 法 與 減 法 之 筆 算 （2）

進行小數的加減法筆算時，上面的數如果有空白的部分，應該加上0後再計算。

〔例〕$11.5 - 4.36 =$

$$\begin{array}{r} 11.50 \\ -\ 4.36 \\ \hline 7.14 \end{array}$$ 加上0

小 數 × 整 數 （ 整 數 × 小 數 ）

小數的乘法筆算，計算時要「**靠右對齊**」。

小數×整數（整數×小數）時，最後把小數點往下移就能求出解答。

〔例〕1027 × 0.38 ＝

$$
\begin{array}{r}
1027 \\
\times\ 0.38 \\
\hline
8216 \\
3081 \\
\hline
390.26
\end{array}
$$

靠右對齊

直接往下移

小 數 × 小 數

小數×小數的筆算也是靠右對齊。但最後要記得**「相乘兩數的小數點右位數相加」才是「答案的小數點右位數」**。

〔例〕3.16 × 7.4 ＝

$$
\begin{array}{r}
3.16 \\
\times\ 7.4 \\
\hline
1264 \\
2212 \\
\hline
23.384
\end{array}
$$

2位

1位

2加1

3位

點上小數點

小 數 ÷ 整 數

小數÷整數的筆算，只要像整數÷整數那樣計算，最後按原數補上小數點就能求出答案。

〔例〕25.92 ÷ 8 ＝

$$
\begin{array}{r}
3.24 \\
8\overline{)25.92} \\
24 \\
\hline
19 \\
16 \\
\hline
32 \\
32 \\
\hline
0
\end{array}
$$

直接加上去

小 數 ÷ 小 數 、 整 數 ÷ 小 數

小數÷小數、整數÷小數的筆算，應**先將小數點向右移，把除數變成整數**。

然後，被除數的小數點也向右移動相同位數後再開始計算。最後直接把移動後的小數點向上移即可求出解答。

〔例〕 14÷2.5至整除為止

$$
\begin{array}{r}
5.6 \\
2.5)\overline{14.0} \\
12\ 5 \\
\hline
1\ 50 \\
1\ 50 \\
\hline
0
\end{array}
$$

移動後的小數點直接上移

小 數 點 的 雙 人 舞 （ 乘 法 ）

乘法中，兩數的小數點可以**自由往左右反方向移動相同位數**。利用這點，便可輕鬆解決下列這種題目。

〔例〕3200 × 0.05 $= 32.00 \times 0.05$

左移2位　右移2位

左右反方向移動相同位數

$= 32 \times 5 = \underline{160}$

小 數 點 的 雙 人 舞 （ 除 法 ）

除法中，小數點可以**自由往左右同方向移動相同位數**。利用這點，便可輕鬆解出下列這種題目。

〔例〕63 ÷ 0.09 $= 63.00 \div 0.09$

右移2位　右移2位

左右同方向移動相同位數

$= 6300 \div 9 = \underline{700}$

有 餘 數 的 小 數 除 法

有餘數的小數除法中，**商的小數點等於「移動後的小數點」**。然而，**餘數的小數卻是「移動前的小數點」**。

〔例〕 **請求出「32.97÷6.9」的商至小數後一位，並寫出餘數。**

$$
\begin{array}{r}
4.7 \\
6.9)\overline{32.9\,7} \\
27\ 6 \\
\hline
5\ 37 \\
4\ 83 \\
\hline
0.54
\end{array}
$$

商為移動後的小數點

餘為移動前的小數點

答　4.7餘0.54

50

第 3 章

因數和
倍數

因數就是可以整除特定整數的整數。

例如6的因數有 1、2、3、6，

忘記了。

你還記得「因數」嗎?

是約分嗎?

不是啦

那麼請試著寫出 24 的全部因數。

$24 \div \square = ?$

也就是找出使這個算式的商等於整數的數。在□內填入大於等於1的所有因數。

$24 \div 1 = 24$ 　 $24 \div 2 = 12$
$24 \div 3 = 8$ 　 $24 \div 4 = 6$
$24 \div 6 = 4$ 　 $24 \div 8 = 3$
$24 \div 12 = 2$
$24 \div 24 = 1$

這樣?

對。換言之24可以被1、2、3、4、6、8、12、24整除。

所以24的因數就是「1、2、3、4、6、8、12、24」。

好ㄉㄨㄛ口...

不全部寫出來不行嗎?

那當然，因為題目是「寫出全部的因數」啊。

粗心女王↙

感覺超容易漏寫。

實際上因數漏寫是很常見的錯誤，所以這裡要教大家⋯

監牢法！

像這樣畫出監牢，格子的數量可以畫多一點。

監牢？

沒錯，是監牢。

然後，

把「相乘等於24」的數對分別寫在監牢上下格。或是在上格填進1、2、3⋯一個一個檢查能不能相乘。

請用這方法把格子補完。

在格子內填入相乘等於 24 的數對

1	2				
24	12				

好————

好，請停下。

1	2	3	4	6	
24	12	8	6	4	

哈哈

呼 呼

53

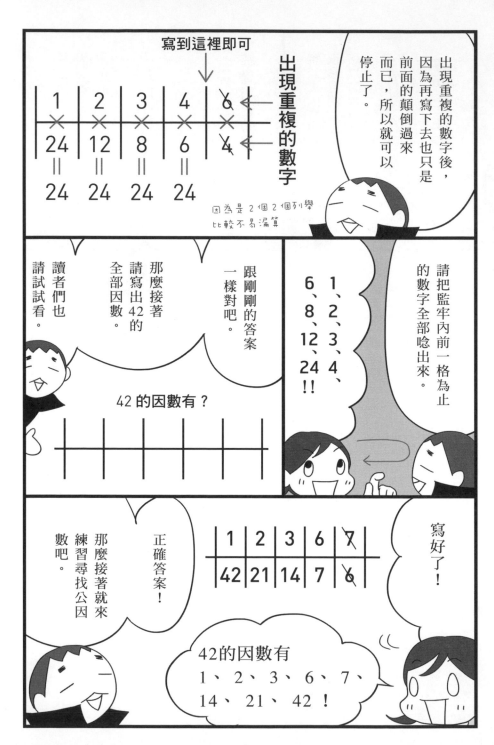

出現重複的數字

寫到這裡即可
↓

1	2	3	4	6̸
×	×	×	×	×
24	12	8	6	4̸
=	=	=	=	
24	24	24	24	

出現重複的數字後，因為再寫下去也只是前面的顛倒過來而已，所以就可以停止了。

因為是2個2個列舉比較不易漏算

請把監牢內前一格為止的數字全部唸出來。

1、2、3、4、6、8、12、24！！

跟剛剛的答案一樣對吧。

那麼接著請寫出42的全部因數。

讀者們也請試試看。

42的因數有？

寫好了！

1	2	3	6	7̸
42	21	14	7	6̸

正確答案！

那麼接著就來練習尋找公因數吧。

42的因數有
1、2、3、6、7、
14、21、42！

2　公因數和最大公因數

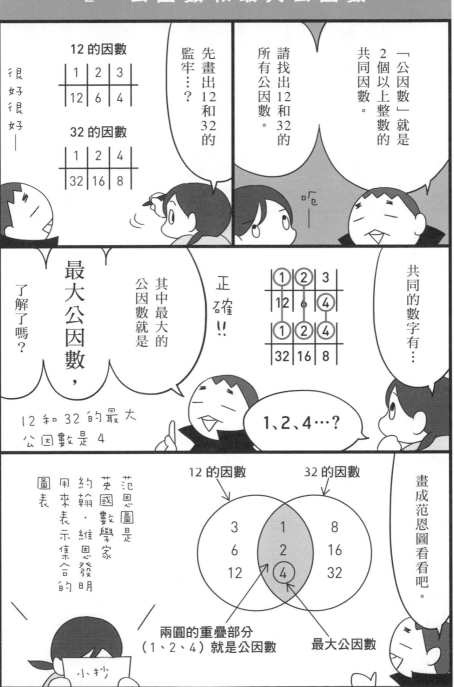

「公因數」就是 2 個以上整數的共同因數。

請找出 12 和 32 的所有公因數。

先畫出 12 和 32 的監牢…？

12 的因數

1	2	3
12	6	4

32 的因數

1	2	4
32	16	8

很好很好—

共同的數字有…

1、2、4…？

正確!!

其中最大的公因數就是

最大公因數，

了解了嗎？

12 和 32 的最大公因數是 4

畫成范恩圖看看吧。

12 的因數　　**32 的因數**

兩圓的重疊部分（1、2、4）就是公因數

最大公因數

范恩圖是英國數學家約翰‧維恩發明用來表示集合的圖表

小抄

像這樣把左邊的數全部相乘，就是最大公因數了。

$$\begin{array}{c|cc} 3 & 60 & 75 \\ \times & & \\ 5 & 20 & 25 \\ \hline = & 4 & 5 \end{array}$$

$15 \leftarrow$ 60 和 75 的最大公因數

哦哦哦哦!!

啊，可是其他的公因數呢？

不用擔心，

公因數等於「最大公因數的因數」。

公因數有這樣的性質。

真假!!

是真的。

所以請用監牢法找出15的因數。

這不是超方便嗎！

找出兩數的最大公因數

↓

再找出最大公因數的所有因數

↓

即可得知兩數的公因數

學會的話會很方便☆

沒有錯。換言之，1、3、5、15是15的因數，同時也是60和75的公因數。

是1、3、5、15！

1	3
15	5

再來要談談「倍數」。

所謂倍數，就是一個整數乘以整數倍後的整數。

腦蓋太多了

軽蓋好亂…

簡單來說，就是整數乘以1倍、2倍、3倍…後的數。

是這樣啊——

請由小到大舉出5個6的倍數。

1倍、2倍…也就是6的九九乘法表吧？

我想想～

六一得 6

六二得 12

六三得 18

六四得 24

六五得 30

對嗎？

對對對

那麼接著請從這些整數中，試著找出特定整數的倍數吧。

找出來？

6的倍數還可以繼續算下去…

6　12　18　24　30 …

↑　↑　↑　↑　↑

6×1　6×2　6×3　6×4　6×5

但因為是由小而大，所以答案是6、12、18、24、30。

也就是判斷一個數是否可被整除（＝是不是該數倍數）的方法。

2 的倍數
個位為偶數
（0、2、4、6、8）

3 的倍數
各數位的和為3的倍數

4 的倍數
後兩位的數為00或4的倍數

5 的倍數
個位為0或5

其他也有月興趣的人請參考67頁喔☆

好—

例如你覺得10254可以被3整除嗎？

呃…

3 的倍數…

「各數位的總和」是 1＋0＋2＋5＋4 = 12，所以…

可以整除！

12 可被 3 整除。

10254÷3 = 3418，可以整除喔。

那麼，就跟公因數一樣，數字也有公倍數。

果然如此——

2 個以上的整數共通的因數稱為公因數，所以2個以上的整數共通的倍數就是公倍數…

60

4　公倍數和最小公倍數

4的倍數
4、8、12、16、20、24、
28、32、36、40

6的倍數
6、12、18、24、30、36

那麼，請由小到大舉出3個4和6的公倍數吧。

怎麼樣，猜對了嗎？

猜對了、猜對了、猜對

找到三個了！

哦！

先寫出兩數的倍數…

就叫**最小公倍數**。

做得很好。公倍數中最小的那個數，

12、24、36

| 4的倍數 | 4 | 8 | ⑫ | 16 | 20 | ㉔ | 28 | 32 | ㊱ | … |
| 6的倍數 | 6 | | ⑫ | 18 | | ㉔ | 30 | | ㊱ | … |

最小公倍數

4和6的最小公倍數是12，畫成范恩圖就像這樣。

最小公倍數

4的倍數		6的倍數
4、8 16、20 28、32 …	12 24 36 …	6 18 30 …

兩圓的重合部分
（12、24、36…）
就是公倍數

雖然知道意思，圖也看得懂…

類似的名詞太多了，好麻煩…

最大、最小、公因、公倍

的確很多學生會說成「最小公因數」和「最大公倍數」呢。

所以就綁成一組，

深深刻進腦袋吧…

~整理~

因數：可整除該整數的數
公因數：2個以上整數的共同因數
最大公因數：最大的公因數

倍數：整數乘以整數倍（1倍、2倍、3倍…）後的整數
公倍數：2個以上整數共同的倍數
最小公倍數：最小的公倍數

因數、公因數、最大公因數！

一起來！

因數、公因數、最大公因數！

倍數、公倍數、最小公倍數！

一起來！

倍數、公倍數、最小公倍數！

再念100次！！

哈哈

那麼，接下來要介紹輕鬆找出最小公倍數的方法。

同樣是，

短除法

是也。

那個像顛倒的除法直式運算的東西…？

讓我們由小到大，找出3個30和42的公倍數吧。

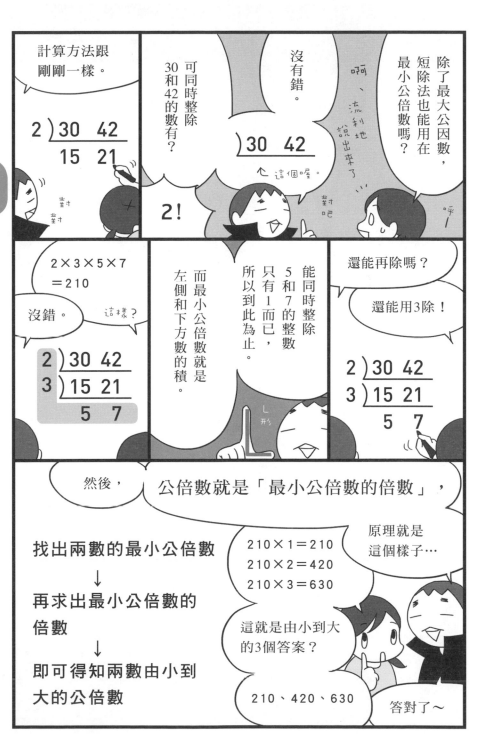

計算方法跟剛剛一樣。

$2\overline{)\begin{array}{cc} 30 & 42 \\ \hline 15 & 21 \end{array}}$

對對對

可同時整除30和42的數有？

2！

沒有錯。

$\overline{)\begin{array}{cc} 30 & 42 \end{array}}$

ㄟ 這個喔。

啊、流利地說出來了

對吧

除了最大公因數，短除法也能用在最小公倍數嗎？

呼～

$2 \times 3 \times 5 \times 7$
$= 210$

沒錯。　這樣？

$\begin{array}{r} 2\overline{)} \\ 3\overline{)} \end{array}\begin{array}{cc} 30 & 42 \\ \hline 15 & 21 \\ \hline 5 & 7 \end{array}$

而最小公倍數就是左側和下方數的積。

能同時整除5和7的整數只有1而已，所以到此為止。

L 形

還能再除嗎？

還能用3除！

$\begin{array}{r} 2\overline{)} \\ 3\overline{)} \end{array}\begin{array}{cc} 30 & 42 \\ \hline 15 & 21 \\ \hline 5 & 7 \end{array}$

然後，

公倍數就是「最小公倍數的倍數」，

找出兩數的最小公倍數

↓

再求出最小公倍數的倍數

↓

即可得知兩數由小到大的公倍數

原理就是這個樣子…

$210 \times 1 = 210$
$210 \times 2 = 420$
$210 \times 3 = 630$

這就是由小到大的3個答案？

$210 \cdot 420 \cdot 630$

答對了～

質數中的偶數只有2而已？

沒錯！！

就是這樣，2是質數中唯一的偶數和連續質數！

2和3這兩個質數是連續的！！

而像5和7這樣相差為2的質數，則叫做雙子質數。

這裡是連續質數

| 1 | 2 | 3 | 4 | 5 | 6 | 7 | 8 | 9 | 10 |
| 11 | 12 | 13 | 14 | 15 | 16 | 17 | 18 | 19 | 20 |

由於質數的出現沒有規律，所以也被用於密碼學。

像在網路上加密傳送資料那樣。

啊——！！

可是，明明沒有規律，但只要使用某個公式，就會得到（圓周率×圓周率÷6）的解…

？？

質數還充滿了謎題啊！！

閃亮 閃亮

人類發現質數已經超過2500年，2016年一月更找到了目前已知最大的質數（約2233萬位）如此巨大

差不多該…

呃…

何謂因數？

因數就是**「可以整除某整數的整數」**。例如8的因數。尋找可以整除8的因數後，便可得到以下結果。

$8 \div \mathbf{1} = 8$　　$8 \div \mathbf{2} = 4$　　$8 \div \mathbf{4} = 2$　　$8 \div \mathbf{8} = 1$

因此，可得知**8的因數有1、2、4、8**。

防止漏算因數的監牢法

例如遇到「請寫出24的所有因數」這種問題時，有的孩子可能會回答「1、2、3、4、8、12、24」。然而，因為漏掉了「6」，所以寫了這麼多還是算錯。為了防止漏算因數，我們可以使用下面這種**「監牢法」**。

依序寫出相乘後　　　　　　　　因為是依序成對地寫，
等於24的數對　　　　　　　　　所以不易「漏算」

公因數和最大公因數

2個以上之整數的共同因數，就稱為兩數的**公因數**。而**公因數中最大的數則稱最大公因數**。

例如讓我們求求看6和9的公因數。6的因數有**1、2、3、6**；而9的因數為**1、3、9**。所以兩者具有**公因數1和3**，最大的公因數**3就是最大公因數**。

何 謂 倍 數 ？

某整數乘以整數倍（1倍、2倍、3倍…）**後的整數**，就稱為原整數的**倍數**。
例如由小到大寫出3個6的倍數，將得到如下答案。

6的倍數 ➡ 6 、 12 、 18 …
　　　　　　 ↑　　 ↑　　　 ↑
　　　　　 6×1　 6×2　　 6×3

公 倍 數 和 最 小 公 倍 數

2個以上之整數的共同倍數，就稱為兩數的**公倍數**。而**公倍數中最小的數則是最小公倍數**。
例如讓我們由小到大依序求出2個2和3的公倍數。2的倍數有2、4、**6**、8、10、**12**…等；3的倍數則有3、**6**、9、**12**…等。兩者具有共通的**公倍數6和12**，其中最小的公倍數**6就是最小公倍數**。

倍 數 判 斷 法

漫畫中，我們介紹了2、3、4、5的倍數判斷法（P60）。這裡將繼續介紹判斷其他整數倍數的方法。
6的倍數判斷法…同時適用2和3的倍數判斷法。也就是當個位為偶數，且所有位數的和為3時
7的倍數判斷法…3位數的情況，後兩位的數加上「百位數乘以2」為7的倍數時
8的倍數判斷法…後3位的數為000或8的倍數時
9的倍數判斷法…全部位數的和為9的倍數時

用 短 除 法 求 最 大 公 因 數

例如要求60和75的最大公因數時，只要依序找出可整除60和75的數，**然後將左邊的數相乘**，即可求出最大公因數。

```
  3) 60  75
  5) 20  25
      4   5
```

將左邊的數相乘（3×5），可求出最大公因數為15

用 短 除 法 求 最 小 公 倍 數

例如要求30和42的最小公倍數時，只要依序找出可整除30和42的數，**將左側與下面的數全部相乘**，即可求出最小公倍數。

```
  2) 30  42
  3) 15  21
      5   7
```

將左邊和下面L形的數相乘（2×3×5×7）就能得出最小公倍數210

偶 數 和 奇 數

所謂**偶數**，就是可以**被2整除**，且商為整數的數。0也是偶數。而**奇數**則是除非用小數點，否則**無法被2整除的數**。所有偶數都是2的倍數，而所有奇數都是2的倍數加1。

何 謂 質 數 ？

所謂**質數**，就是**因數只有1和自己的數**。例如7的因數只有1和7，所以7就是質數。而9的因數有1、3、9，所以9不是質數。
另外，1並不是質數。還有，2是質數中唯一的偶數。

第 4 章

分數的
計算

真分數
假分數
帶分數

是也

只要聽下去就懂了，所以先別多想，

記住就對了。

好啦

真分數

例
$\frac{5}{6}$ $\frac{1}{4}$

分子比分母小的分數

假分數

例
$\frac{8}{5}$ $\frac{3}{3}$

分子比分母大或相等的分數

帶分數

例
$3\frac{2}{7}$ $1\frac{1}{2}$

整數和真分數加在一起的分數

啊——啊—— 原來是這3種

那麼，因為真分數剛剛已經看過了，再來直接看看假分數。

明明有教——!!

學校沒教過!!

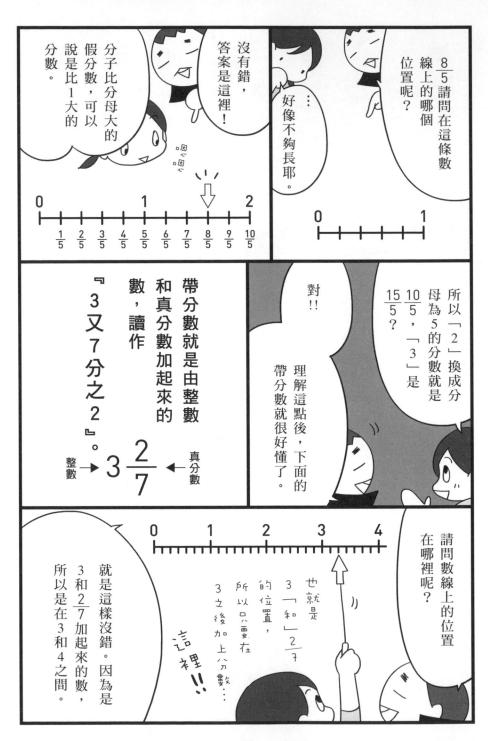

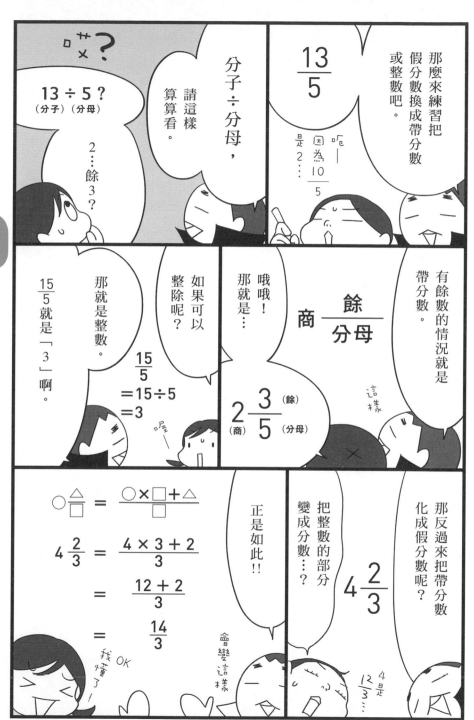

你還記得約分
和通分嗎？

……
勉勉強強…

<small>努力記憶中</small>

那從約分開始吧。

所謂約分，

就是將分子分母
同除以一數，

化成
較簡單的分數。

實際做做看吧。
請問 $\frac{6}{12}$ 在數線的
哪個位置？

真分數──
所以是
分母小
分子比

代表
比一小──

分成
12等分──

這裡!!

```
0                                              1
|--|--|--|--|--|--|--|--|--|--|--|--|
  1  2  3  4  5 (6) 7  8  9 10 11 12
  12 12 12 12 12 12 12 12 12 12 12 12
```

那同數線的
$\frac{1}{2}$ 在哪裡呢？

在1和2
的正中間
…

$\frac{1}{2}$

果然

這裡…

```
0                     1/2                      1
|--|--|--|--|--|--|--|--|--|--|--|--|
  1  2  3  4  5 (6) 7  8  9 10 11 12
  12 12 12 12 12 12 12 12 12 12 12 12
```

是的。跟 $\frac{6}{12}$ 在同一個地方。

所以說，

「把1分成2等分後的1份」

跟

「把1分成12等分後的6份」

是

一樣的意思。

這倒也是，因為兩邊都是一半嘛。

既然如此，當然是要化成小的數比較好計算。這就叫做

約分。

想起來了

因為因為

$$\frac{6}{12} = \frac{1}{2}$$

也就是說，只要把分母分子除以同一個數，

$$\frac{6}{12} = \frac{6 \div 6}{12 \div 6} = \frac{1}{2}$$

就能把數換成這樣。

換言之分子和分母可以

任意除以相同的數

囉。

是的。順帶一提，之後還會再說一次，分子分母乘以同一個數也不會改變分數的大小。

約分很簡單嘛！

那再來是

通分。

做做看吧！

所謂通分就是把兩個分母不同的分數，

化成同分母的分數。

只要把兩數的分母同乘以最小公倍數就行了。

總之就是把分母變一樣吧？

好長…

對，就是15。$\frac{2}{3}$ 的分母乘以5化成15，然後分子2也乘以5。

3的倍數有
3、6、9、12、15…
5的倍數有
5、10、15…
哦，15!!
啊、原來 3×5
就好好啦

請把 $\frac{2}{3}$ 和 $\frac{4}{5}$

通分看看。

也就是找出分母3和5的最小公倍數？

$$\frac{2 \times 5}{3 \times 5} = \frac{10}{15}$$

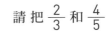

$$\frac{2}{3} , \frac{4}{5} \Rightarrow \frac{10}{15} , \frac{12}{15}$$

答對了!!

那 $\frac{4}{5}$ 呢？

分母和分子同乘以3。

$$\frac{4 \times 3}{5 \times 3} = \frac{12}{15}$$

這樣分母就一樣了。通分成功！

那麼請看看這題再通分

$$\frac{5}{6} , \frac{7}{9}$$

好──

分母相乘
$6 \times 9 = 54$ 當成
新分母……，

$$\frac{5 \times 9}{6 \times 9} = \frac{45}{54}$$

$$\frac{7 \times 6}{9 \times 6} = \frac{42}{54}$$

做好…

考試的話，
這樣會被打叉喔。

通分的時候分母應
盡可能化成最小，

所以要

用最小公倍數
當成分母，

剛剛不是才說過嗎？

啊啊！

幹勁全失

6 和 9 的最小
公倍數是什麼呢？

好──
就用短除法算吧☆

最小公倍數就是左邊
和下面的數相乘喔！

$$3\,)\overline{\begin{array}{cc} 6 & 9 \end{array}}$$
$$\;2\quad\;3$$

全部相乘

居然還有需要進位和退位的帶分數…嗎…？

首先要學的是帶分數的進位和退位。

接著準備計算分數的＋－×÷吧。

呃，都已經算這麼多了，居然還沒進入運算的部分嗎

原來如此…

請回想帶分數的原理。

例如 $4\dfrac{2}{7}$

這個帶分數，其實是整數＋分數省略「＋」號的形式。

就是 $4+\dfrac{2}{7}$ 的意思？

$$\bigcirc\dfrac{\triangle}{\square}=\bigcirc+\dfrac{\triangle}{\square}$$

$3\dfrac{12}{7}$

把 $3\dfrac{12}{7}$ 寫成加式

$=3+\dfrac{12}{7}$

將 $\dfrac{12}{7}$ 換算成 $1\dfrac{5}{7}$

$=3+1\dfrac{5}{7}$

把 3 和 1 相加

$=4\dfrac{5}{7}$

比如像 $3\dfrac{12}{7}$ 這種分數，$\dfrac{12}{7}$ 的部分可以換成帶分數對吧？

$1\dfrac{5}{7}$ ？

沒錯，所以整體就是 $3+1\dfrac{5}{7}$

對吧，寫成算式的話。

就像這樣，使帶分數的整數部分增加1，換算成正確的帶分數，

就是「帶分數的進位」。

哦—

那退位的意思是就是整數部分減1？

哦!!舉一反三!!

讓我們把$5\frac{7}{12}$退位看看吧！也就是把整數部分的5換1到分數部分去。

把5換成 $4+1$

$$5\frac{7}{12} = 4 + 1\frac{7}{12}$$

$$= 4 + \frac{12+7}{12}$$

把$1\frac{7}{12}$換成假分數

$$= 4 + \frac{19}{12}$$

將$4+\frac{19}{12}$換成帶分數

$$= 4\frac{19}{12}$$

這就是「帶分數」的退位。

原理我懂了。

但是為什麼、為什麼要這樣做啊啊啊啊

所以說是準＋備！！

為了下一節的準＋備～

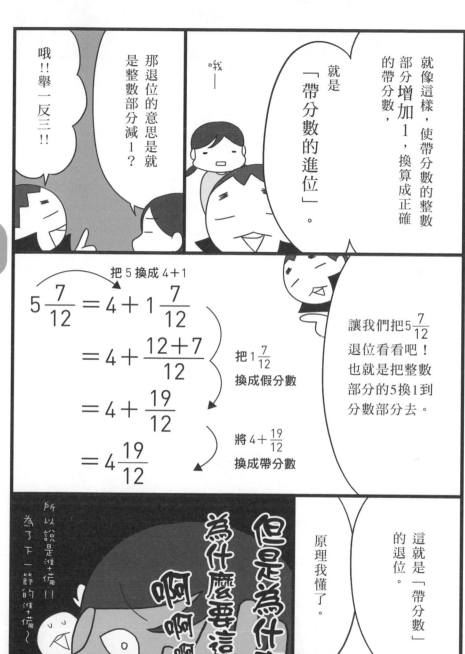

做得很好，那接著用帶分數算算看。

$$8\frac{5}{18} - 2\frac{11}{18}$$

$$\frac{13}{16} - \frac{1}{16}$$
$$= \frac{12}{16}$$
$$= \frac{3}{4}$$

哦哦，是約分!!

分子相減⋯

那再來試試看減法。要領跟加法一樣。

分子不夠減⋯

嚇!

$$8\frac{5}{18} - 2\frac{11}{18}$$
$$= 7\frac{23}{18} - 2\frac{11}{18}$$
$$= 5\frac{12}{18}$$
$$= 5\frac{2}{3}$$

分子部分 5−11 不能算，所以要用帶分數退位

整數部分 7−2 分子是 23−11

約分

是帶分數的退位—!!

這樣啊—

原來是這麼回事啊—

呀—

先前的準+備派上用場了吧—

分母不同的分數加減，也只是多了通分的步驟而已。

還記得通分嗎？

我想想，就是把分母化成最小公倍數…

沒錯。接著請算。

用最小公倍數通分分母　分子相加　化成帶分數

$$\frac{2}{3} + \frac{1}{2}$$
$$= \frac{4}{6} + \frac{3}{6}$$
$$= \frac{7}{6}$$
$$= 1\frac{1}{6}$$

這個簡單，先把分母化成6——

再來一題!!

$$3\frac{7}{12} + 4\frac{7}{15}$$

$$3 \overline{)12 \quad 15}$$
$$\quad\quad 4 \quad 5$$

先用短除法，把左邊和下面的數乘起來——

分母是60!!

完成了!!

通分　相加　帶分數　進位　約分

$$3\frac{7}{12} + 4\frac{7}{15}$$
$$= 3\frac{35}{60} + 4\frac{28}{60}$$
$$= 7\frac{63}{60}$$
$$= 8\frac{3}{60}$$
$$= 8\frac{1}{20}$$

達成感

呼

還有啊　還有喔　減法喔

加法和減法是分數計算最難的部分…

還有啊!!!

只要過了這關就輕鬆了!!　應該…

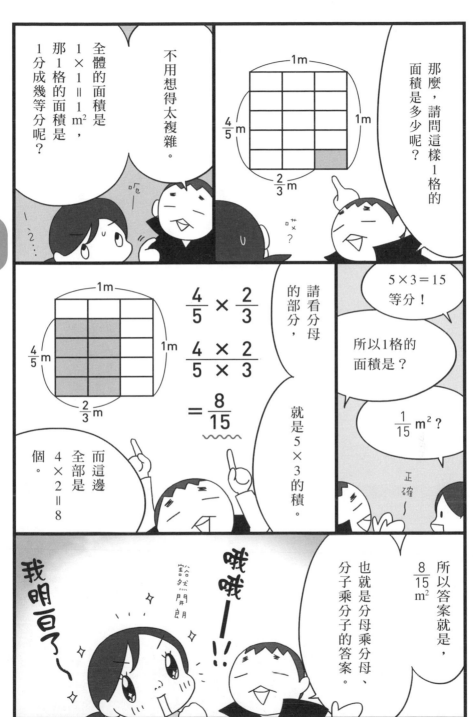

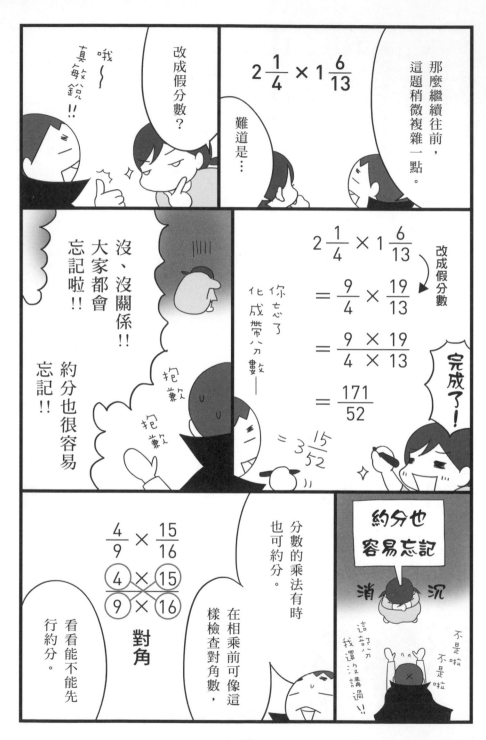

為什麼要在相乘前就約分呢？

如果先相乘的話就會像這樣，

$$\frac{4}{9} \times \frac{15}{16} = \frac{60}{144}$$

分母跟分子都很大，變得很難約分。所以在相乘前先約分比較好。

原來如此…所以是像這樣嗎…

用 3 除 15 跟 9

用 4 除 4 跟 16

$$= \frac{5}{12}$$

做得好—

OK—

那麼最後請做做看帶分數的乘法。

$$2\frac{4}{11} \times 4\frac{1}{8}$$

改成假分數

$$= \frac{26}{11} \times \frac{33}{8}$$

約分

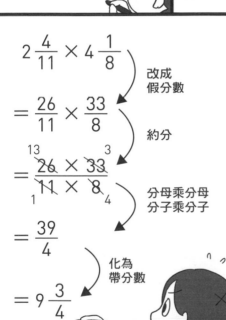

分母乘分母分子乘分子

$$= \frac{39}{4}$$

化為帶分數

$$= 9\frac{3}{4}$$

太棒了～完美——

教起來真累人…

8　分數的除法

好了，再來是分數的除法⋯

你知道什麼是倒數嗎？

也就兩數相乘等於1的數。

$$\frac{2}{3} \times \frac{3}{2} = 1$$

$\frac{2}{3}$ 的倒數是 $\frac{3}{2}$

$$6 \times \frac{1}{6} = 1$$

6 的倒數是 $\frac{1}{6}$

啊⋯原來如此。

那麼，稍微練習一下倒數。

分數的倒數就是把分子和分母倒過來而已。

$$\frac{8}{5} \downarrow \frac{5}{8}$$

$$\frac{2}{3} \downarrow \frac{3}{2} = 1\frac{1}{2}$$
化成帶分數

$$2\frac{3}{4} = \frac{11}{4} \rightarrow \frac{4}{11}$$
先改成假分數

$$\frac{1}{7} \downarrow \frac{7}{1} = 7$$

OK！那麼進入主題的分數除法，

其實就是把「除數」的分數變成倒數後再相乘。

$$\frac{2}{3} \div \frac{5}{7}$$
改成這樣
$$= \frac{2}{3} \times \frac{7}{5}$$

$$= \frac{14}{15}$$

有做過！以前做過！雖然完全不知道原理！

但為什麼要倒過來相乘呢？

那是因為
⋮

這或許是大人被小孩子問到時最難回答的算數問題⋯

不過身為數學傳教士⋯我就提供大家三種解釋法吧！

「解釋1」
除法中除數和被除數乘以相同的數後，答案仍不變

例如 $0.6 \div 0.2$，只要被除數和除數同乘以 10，像下面這樣計算，即可快速算出答案。

$$0.6 \div 0.2$$
$$= (0.6 \times 10) \div (0.2 \times 10)$$
$$= 6 \div 2 = 3$$

那再來看看 $\frac{4}{7} \div \frac{5}{9}$ 的情況。
除數 $\frac{5}{9}$ 的倒數是 $\frac{9}{5}$。 如果我們想把 $\frac{5}{9}$ 化成 1，讓 $\frac{5}{9}$ 被除數跟除數同乘以…

這裡利用的小數的性質請詳閱（46~47頁）

小數的雙人舞

除數變成 1 了!!

$$\frac{4}{7} \div \frac{5}{9}$$
$$= \left(\frac{4}{7} \times \frac{9}{5}\right) \div \left(\frac{5}{9} \times \frac{9}{5}\right)$$

啊！

沒錯。 所以這個算式繼續變形後就會變成

$$\left(\frac{4}{7} \times \frac{9}{5}\right) \div 1 = \frac{4}{7} \times \frac{9}{5}$$

哦哦—!!

可以喔——

然後因為分母和分子乘以相同的數大小不變，就是約分反過來做。

(例) $\frac{2}{3} = \frac{2 \times 3}{3 \times 3} = \frac{6}{9}$

$\dfrac{\frac{4}{7}}{\frac{5}{9}}$

可以這樣？

$A \div B = \dfrac{A}{B}$

我們在P81說過這點對吧，因此就等於…

$\frac{4}{7} \div \frac{5}{9}$ …

「解釋2」

用 $\dfrac{分數}{分數}$ 的形式理解

$\dfrac{\frac{4}{7} \times \frac{9}{5}}{\frac{5}{9} \times \frac{9}{5}} = \dfrac{\frac{4}{7} \times \frac{9}{5}}{1}$

分母化1後就變成了 $\frac{4}{7} \times \frac{9}{5}$ ！

好厲害!!

分子也要乘以倒數。否則答案就不一樣了。

啊!! 所以分母要乘以倒數!?

說得也是，直接算的話太麻煩了…

這裡讓分母變1比較好算對吧？

□裡面要填入什麼呢。

咦？咦？

如果□內填入 $\frac{5}{9}$ 的倒數會怎麼樣？

那答案就變了吧…

$10 \div 5 = \square$ 這個式子用乘式表示，就等於 $5 \times \square = 10$ 對吧，

同理 $\frac{4}{7} \div \frac{5}{9} = \square$ 用乘式表示就是 $\frac{5}{9} \times \square = \frac{4}{7}$

「說明3」

把除式改成乘式

欸？

因為這樣等式會不成立，所以要配合＝的右邊再加上 $\times \frac{4}{7}$。

$$\frac{5}{9} \times \boxed{\frac{9}{5} \times \frac{4}{7}} = \frac{4}{7}$$

□裡有兩個數？

砰！

在□內填入 $\frac{5}{9}$ 的倒數看看吧。

$$\frac{5}{9} \times \boxed{\frac{9}{5}} = \frac{4}{7}$$

果然很奇怪啊，＝的左邊變成1了。

原本的題目是
$\frac{4}{7} \div \frac{5}{9} = \square$
□應該填入什麼。

結果□內應該填入的是…？

這麼一來
這裡就變成 1

$$\frac{5}{9} \times \frac{9}{5} \times \frac{4}{7} = \frac{4}{7}$$

成、成立是成立了…

等式成立了吧？

傳教士太神了！

啊啊——居然變成乘以倒數的算式了——！！

沒有啦～這只是牛刀小試而已

$$\frac{9}{5} \times \frac{4}{7}$$

$\frac{5}{9}$ 的倒數。

雖然倒數起到左邊了

接著挑戰看看
更進階的題目吧。

$3\frac{3}{5} \div 2\frac{7}{10}$

沒問題！

那麼總結一下，把這題的答案算出來吧。

$\frac{4}{7} \div \frac{5}{9}$　乘以除數的倒數

$= \frac{4}{7} \times \frac{9}{5}$

$= \frac{4 \times 9}{7 \times 5}$　←分母乘分母 分子乘分子

$= \frac{36}{35} = 1\frac{1}{35}$

做好了——

答對囉～

啪 啪 啪

啊——…可是啊。

差點忘了…

$\frac{4}{3}$

$= 1\frac{1}{3}$　化為帶分數

$3\frac{3}{5} \div 2\frac{7}{10}$　改成假分數

$= \frac{18}{5} \div \frac{27}{10}$　乘以除數的倒數

$= \frac{18}{5} \times \frac{10}{27}$

$= \frac{\overset{2}{18} \times \overset{2}{10}}{\underset{1}{5} \times \underset{3}{27}}$　←約分

$= \frac{4}{3}$

分數原本就是用來表現除式的吧？那用分數除分數又是什麼意思呢？除分數都用在哪裡呢？？？？

還是被你察覺了啊

9 分數除法的意義

我明白了。那我就介紹四種要用到分數除法的情況吧！

拜託你了傳教士！！

「第一種」想簡單表示倍數的時候

（例）請問 1.25m 是 0.3m 的幾倍？

把小數化成分數後再計算

$$1.25 \div 0.3 = 1\frac{1}{4} \div \frac{3}{10}$$

$$= \frac{5}{4} \div \frac{3}{10} = \frac{5}{4} \times \frac{10}{3}$$

$$= \frac{25}{6} = 4\frac{1}{6} \text{ 倍}$$

直接用小數計算的話，

$1.25 \div 0.3 = 4.1666\cdots$

會無限循環下去， 無法用簡單的數字表達倍數。

原來如此！！

「第二種」求比例的時候

（例）某超市的客人中，每7人就有2人買了商品A；每11人有1人買了商品B。請問買商品A的人是買商品B的幾倍？

這樣一來就能算出購買商品A的人數是購買商品B的 $3\frac{1}{7}$ 倍（約3倍）。

$$\frac{2}{7} \div \frac{1}{11} = \frac{22}{7} = 3\frac{1}{7}$$

購買商品B的人數比例

購買商品A的人數比例

哦哦—

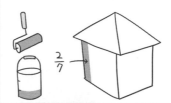

「第三種」求定價的時候

（例）在七折大拍賣的時候，有個商品的售價是2800元。請問該商品的原價是多少？

$$2800 \div \left(1 - \frac{3}{10}\right)$$

$$= 2800 \div \frac{7}{10}$$

$$= 2800 \times \frac{10}{7} = 4000円$$

這個例子雖然是整數÷分數，但解釋了「為什麼要除以分數」。

雖然也可以直接用小數計算2800÷0.7，但用分數算比較輕鬆。

哦哦─…

「第四種」粉刷牆壁的時候

（例）某人買了油漆回家粉刷牆壁。塗完$\frac{2}{7}$的牆面後，已用掉$\frac{2}{3}$罐油漆。請問塗完1面牆需要幾罐油漆？

油漆的使用量（罐）
÷
牆面數（$\frac{2}{7}$面）
＝
塗完1面牆需要的油漆量（罐）

$$\frac{2}{3} \div \frac{2}{7} = \frac{7}{3} = 2\frac{1}{3}$$

因為塗完整面牆需要$2\frac{1}{3}$罐油漆，所以一共需要買3罐。

傳教士…不好意思，其實我從「第三種」開始就有點聽不懂，不明白為什麼要那樣計算…

售價 ＝ 原價 × $\left(1 - \dfrac{3}{10}\right)$
這個式子看得懂嗎？

看得懂！

所以可換成
原價＝售價 ÷ $\dfrac{7}{10}$
不是嗎？

呵呵！

「第三種」的算法是
售價 ÷ $\dfrac{7}{10}$ ＝ 原價，

我不懂為什麼是這樣算。

至於「第四種」，可以先換成更簡單的數字來思考。

粉刷3面牆需要6罐油漆，那麼粉刷1面牆需要幾罐油漆？

呃呃…刷 3 面牆用了 6 罐，所以刷 1 面牆需要…
6（罐）÷3（面）等於 2 罐？

沒錯，所以說，

油漆的使用量（罐）÷牆壁的面數
＝漆1面牆需要的油漆量（罐）

可以得出這個算式。剛剛用的就是這個公式。

原來是這樣啊——用簡單的例子去思考，就能看懂公式的意涵了。

第 4 章　分數的計算

何 謂 真 分 數 、 假 分 數 、 帶 分 數 ？

真分數…譬如$\frac{1}{4}$和$\frac{5}{6}$等，**分子比分母小的分數**。

假分數…譬如$\frac{3}{3}$和$\frac{8}{5}$等，**分子等於分母，或比分母大的分數**。

帶分數…譬如$3\frac{2}{7}$和$1\frac{3}{4}$等，**由整數和真分數組成的分數**。

何 謂 約 分 ？

約分，即是分數的分母和分子除以同一個數，化成更簡單的分數。

分子和分母同除以**最大公因數**，即可化成最簡單的分數。例如，$\frac{36}{48}$分母和分子分別除以最大公因數12後，即可約分為$\frac{3}{4}$。

何 謂 通 分 ？

通分，即是將分母不同的兩個分數，化為分母相同的分數。

只要兩數同乘以兩數分母的**最小公倍數**，即可通分。例如$\frac{2}{3}$和$\frac{4}{5}$兩數同乘以分母的最小公倍數15，即可通分為$\frac{10}{15}$和$\frac{12}{15}$。

分 數 和 小 數 的 變 換

要把分數改成小數，只需用分子除以分母即可。例如$\frac{4}{5}$改成小數，即是$4 \div 5 = 0.8$。

此外，**將小數改成分數時，利用的是**$0.1 = \frac{1}{10}$、$0.01 = \frac{1}{100}$、$0.001 = \frac{1}{1000}$**的原理**。例如要把0.22改成分數，因為$0.01 = \frac{1}{100}$故$0.22 = \frac{22}{100} = \frac{11}{50}$。

帶分數的進位和退位

帶分數的進位，即是帶分數的整數部分加1，改成正確的帶分數。
而帶分數的退位，即是帶分數的整數部分減1，將相同的值挪至分數部分。

兩者的詳細順序請見P82～P83。

兩者的詳細順序請見P82～P83。

同分母的分數加減法

同分母的分數進行加減時，只要**分母維持不變，加減分子的部分**即可。
算出來的解答**務必記得約分**。

〔例〕 分子相加

$$\frac{1}{8} + \frac{3}{8} = \frac{4}{8} = \frac{1}{2}$$

約分

分子相減

$$\frac{5}{6} - \frac{1}{6} = \frac{4}{6} = \frac{2}{3}$$

約分

不同分母的分數加減法

不同分母的分數進行加減時，要先**通分為同分母後再計算**。同樣地，算出來的答案**務必記得約分**。

〔例〕 $\frac{2}{5} + \frac{1}{3} = \frac{6}{15} + \frac{5}{15} = \frac{11}{15}$

通分

$\frac{3}{4} - \frac{1}{6} = \frac{9}{12} - \frac{2}{12} = \frac{7}{12}$

通分

分數的乘法

分數的乘法，即是**分母乘分母、分子乘分子**。可以約分的時候，要先**約分再相乘**。

〔例〕 $\frac{2}{3} \times \frac{9}{10} = \frac{2 \times 9}{3 \times 10} = \frac{3}{5}$

相乘前約分

何 謂 倒 數 ？

當兩數相乘為1時，則兩數互為彼此的倒數。説得更簡單點，倒數就是把分子和分母倒過來的數。

$$\frac{\square}{\bigcirc} \times \frac{\bigcirc}{\square} \quad \text{倒數}$$

〔例〕$\dfrac{3}{8}$ 的倒數是？

$$\frac{3}{8} \times \frac{8}{3} \left(= 2\frac{2}{3}\right) \quad \text{倒數}$$

分 數 的 除 法

分數的除法，即是將**除數改為倒數後再相乘**。改成乘式後如果可以約分的話，記得**先約分再相乘**。

〔例〕$\dfrac{5}{7} \div \dfrac{10}{21} = \dfrac{5}{7} \times \dfrac{21}{10} = \dfrac{5 \times \overset{3}{21}}{\underset{1}{7} \times \underset{2}{10}} = \dfrac{3}{2} = 1\dfrac{1}{2}$

乘以除數的倒數　　　　　相乘前先約分

第 5 章

每單位量的大小

1　什麼是平均？

平均就是多個數或量的大小一樣的意思。

啊—…均等

然而這概念對小學生而言，意外地不容易理解…

所以讓我們用積木來解釋。

積木？

這裡有五堆積木，請問它們總共有幾個？

呃—…

那每堆平均分配後各有幾個？

20個。

來，請把它們重新排列，平均分配吧。

好—

高度全部都是4個了。

換言之平均就是4個。

將所有的積木加起來，除以放積木的堆數，即可求出平均。

所以說「平均＝積木的總和÷堆數」
（4個）　　　（20個）　　（5堆）

即是平均＝總和÷個數。
也可寫做：

個數＝總和÷平均、
總和＝平均×個數，
這三者合稱「平均三公式」。

可以畫成圖看看。

你會求長方形的面積吧？

長×寬。

反過來也可以

平均 ← 個數
總和

沒有錯。只要把總和想成面積就行了，唔！

啊 原來如此

也就是
面積＝長×寬、
長＝面積÷寬、
寬＝面積÷長！

那就來算算看題目吧！

（1）51公克、48公克、63公克、58公克的橘子，平均是幾公克重？
（2）某班級舉行小考。全班平均73分，總共是2336分，請問班上一共有幾人？

很好，全部答對了。

（1）　51＋48＋63＋58＝220，
　　　總共是220公克，所以
　　　220公克÷4個等於55公克！

（2）「個數（人）」＝總和÷平均」，
　　　所以是2336分÷73分等於32人！

我們的生活中常常用到「每1…」這種詞。例如…

100m² 的公園內
每1m² 有2人

10m

100m²

10m

1m

1m

好像螞蟻一樣耶

這樣的話，請問整個公園有幾人？

200人？

是的。還有計算汽車油錢時也常有「每1公升可以跑10公里」的說法。像這種表示1單位有多少的數量，就稱為「每單位量的大小」。

就是每1個有多少的意思吧？

換成問題的話會複雜得多喔。

例如此表記錄了A公園和B公園的面積，以及公園內的人數。那麼，請問哪個公園比較擁擠呢？

	面積(m²)	人數(人)
A公園	250	50
B公園	360	90

感覺是B！！

請不要憑感覺回答。

A 公園是 $50 \div 250 = 0.2$ 人，

B 公園是 $90 \div 360 = 0.25$ 人，

每1m²有0.25人的 B公園比較擁擠？

這樣的話 是用人數除以面積 嗎⋯

「每1 m² 有多少人？」

這一題有兩種思考方式。首先是⋯

B 公園的每人面積比較小，所以比較擁擠對吧？

A 公園
$250 \div 50 = 5$
每人占 5m²

B 公園
$360 \div 90 = 4$
每人占 4m²

的土地。

用面積÷人數，便可算出每個人平均占了多少面積

沒有錯。而另一種思考方式，是比較「每人所占的面積」。

記住
人口密度＝人口÷面積
就可以了嗎？

本題的「每 1 km² 的人口」，一般就稱為

「人口密度」

是也。

正是如此。那麼接下來：
某小鎮的面積是 47km²，人口為 6580人，因此可求出「每1km²的人口為 $6580 \div 47 = 140$ 人。

應該常聽到吧

聽過 聽過

是的～

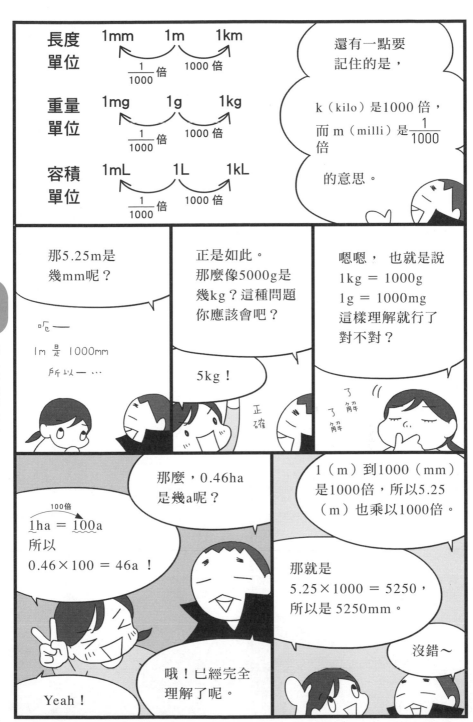

像這樣把某單位換成另一種單位，就叫「單位的換算」。

很多孩子不擅長單位換算，但只要記清楚基本的關係，就不需要害怕了。

原來如此

不好意思 打擾你作結

不過關於剛剛的dL…

---

dL 的「deci」就是 $\frac{1}{10}$ 倍的意思。
1L = 10dL，日本小學二年級的課程有時會出現這單位…

在心靈角落悄悄綻放的花朵…

請用這種感覺

記住就可以了…

那是什麼感覺～!?

好！接下來是分鐘 ←→ 小時的換算。

這比較麻煩一點。要在1小時等於60分鐘的前提下使用分數。

分數?

例如要解「35分鐘是幾小時」這種問題時，就要知道35分鐘是1小時60等分後的35份。

35 分 $= \frac{35}{60}$ 小時 $= \frac{7}{12}$ 小時，

是這樣吧？原來如此！

何 謂 平 均 ?

所謂平均，即是使多個數或量的大小均等的意思。

用總和除以個數，即可求出平均。例如求「32g」、「40g」、「33g」此三個重量的平均時，

平均＝總和÷個數＝（32＋40＋33）÷3＝<u>35g</u>

平 均 三 公 式

平均、個數、總和的關係，可用下面的面積圖表現。

依據此面積圖，可導出**「平均的三個公式」**。

平均=總和÷個數
個數=總和÷平均
總和=平均×個數

每 單 位 量 的 大 小

如「每公克200元」、「每公升12km」等**「用以表示每一個大小的量」**，就叫做**「每單位量的大小」**。計算每單位量大小，在「比較」時有很大的好處。

例如某樣商品有「五個一組610元」和「六個一組750元」等兩種套組。

一眼看上去很難判斷買哪種比較划算，但只要求出兩種套組一個的售價，便可得出以下結果。

610÷5＝122

750÷6＝125

因此，我們發現「五個一組610元」的套組比較划算（一個的售價較便宜）。

何謂人口密度？

每1km^{2}內的人口數稱為**人口密度**。人口密度可用人口除以面積算出。

例如面積為50，人口有6000人時，

人口密度=人口÷面積＝6000÷50＝**120人**。

k（kilo）和m（milli）的意義

k（kilo）代表1000倍。而**m（milli）代表$\frac{1}{1000}$倍**。只要記住這點，便能輕鬆記住以下單位的關係。

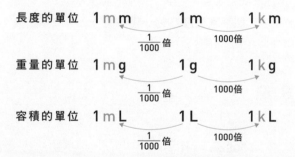

單 位 的 關 係 列 表

以下是小學數學必背的幾種單位。

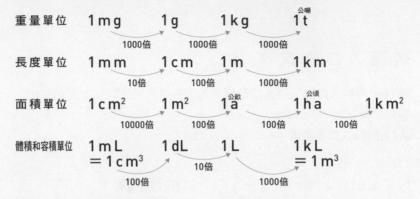

何 謂 單 位 的 換 算

當遇到「5km是幾m」這種問題時，只要知道「1km＝1000m」，便可推
知「5km＝5000m」。像這樣**把某單位換成另一種單位**，就叫做**單位換
算**。

單 位 換 算 的 訣 竅

以「70cm³是幾L」這個問題為例。
因為cm³和L的基本關係是「**1000cm³＝1L**」。
換言之，要把cm³換成L，只需除以1000即可。
所以可以推知70cm³→70÷1000＝**0.07L**。
像這樣「**從基本關係推算**」，便是單位換算的訣竅。

基本關係 　　$1000\underline{cm^3}$ ＝ 　$\underline{1L}$

除以1000

問題 　　　　$\underline{70cm^3}$ ＝ 　$\underline{0.07L}$

除以1000

第 6 章

速 度

接著是速度的計算。

啊啊 啊啊 那個什麼「距、速、時」的⋯

那是下一節的內容~ 不要先爆雷 嗚嗚嗚!

對不起

啊

速度的表示法有以下三種。

時速:表示1小時可行進的距離。
分速:表示1分鐘可行進的距離。
秒速:表示1秒鐘可行進的距離。

啊一

不過 其他 還有吧⋯?

呃——
總而言之,時速40km就是1小時可前進40km;秒速80m則代表1秒鐘可前進80m的意思。

像是音速啊 光速等等—

不要亂說多餘的東西!?

請按順序去想。
首先，時速36km
等於60分鐘可前進
36000m，

可以換成這樣
表示。

沙

請給
我提示

首先先搞懂速度的
換算吧。

時速36km 等於
分速幾 m 呢？

．．．

36000÷60＝600
所以分速是600m

不要光盯著
快算

所以？因為
我們要換成分速
（1分鐘可前進的距
離），

所以用36000÷60
分就能求出解答
了。

所以呢？

沒錯。那秒速
又是幾m呢？

別鬧數扭捏啊啊啊啊

丟

正確來說是
「秒速10m」。

要這樣寫
才算對。

1分鐘＝60秒，
每分鐘前進
600m，
1秒鐘就是
600÷60＝10，
所以是10m！

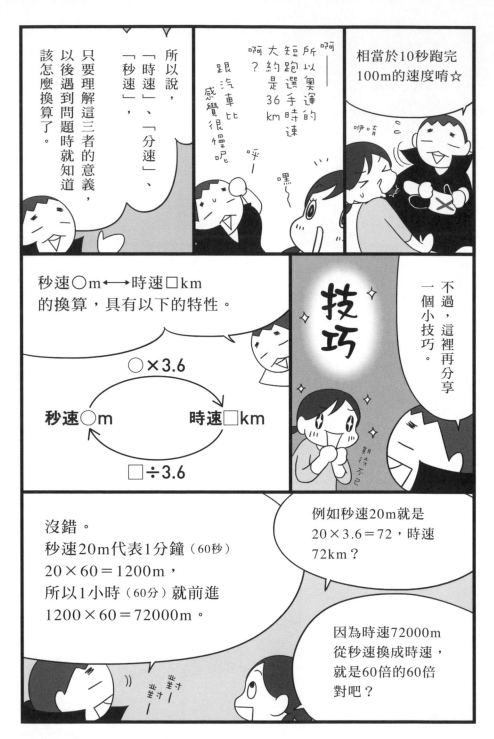

所以說，「時速」、「分速」、「秒速」，只要理解這三者的意義，以後遇到問題時就知道該怎麼換算了。

跟汽車比感覺很慢呢

啊──所以奧運的短跑選手時速大約是36km啊？

相當於10秒跑完100m的速度唷☆

伊唔

秒速○m←→時速□km的換算，具有以下的特性。

○×3.6

秒速○m　　　　時速□km

□÷3.6

不過，這裡再分享一個小技巧。

技巧

沒錯。
秒速20m代表1分鐘（60秒）
20×60＝1200m，
所以1小時（60分）就前進
1200×60＝72000m。

例如秒速20m就是
20×3.6＝72，時速
72km？

因為時速72000m
從秒速換成時速，
就是60倍的60倍
對吧？

然後除以1000
等於72km！

是「時速」
72km。

1 小時 = 60 分 = 3600 秒，
所以可以一口氣
20×3600 = 72000，
再來只要把 72000m 換算
成 km 就好…

換言之，秒速〇m→時速
□km 的換算，就等於計算
〇×3600÷1000 = □。

來來
看這邊～

因為考試這樣寫
被打又吧一！？

你也不想

因為 3600÷1000 =
3.6， 所以只要記住這公
式， 就能瞬間算出答案
啊～

學校的考試偶爾也
會出，升中學考試
則是必考題。

對了，順便一提。
音速是秒速約
340m，光速則是
秒速約30萬km。
這世上沒有無用
的知識喔。

反正…
我又不考…

音速和光速
都可以用三種速度
表示喔☆

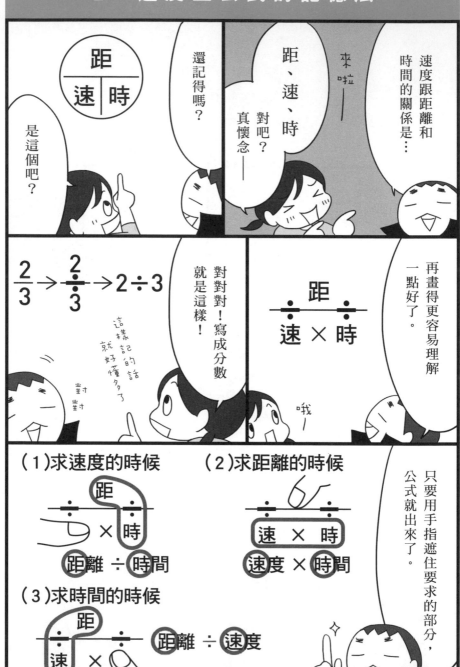

那麼請回答這題。

某人騎腳踏車花3小時跑了72km。

（1）請問這台腳踏車的速度是時速幾km？

（2）以此速度6小時可以前進幾km？

（3）以此速度336km要花幾小時才能跑完？

不會太難了嗎⋯

數學本來就是這麼殘酷的啊⋯

呃，首先(1)是⋯

$$\frac{72km}{\times 3小時}$$

$72 \div 3 = 24$

時速24km！

（2）

$$\frac{24km \times 6小時}{}$$

$24 \times 6 = 144$

（2）的答案是前進144km！

（3）

$$\frac{336km}{24km \times}$$

$336 \div 24 = 14$

（3）是要花14小時！

OK！然後還要小心的是答案的單位必須符合題目！例如考試常常出現這種陷阱。

某人20分鐘前進5km，請問分速為幾m？

先把 km 換算成 m
等於「20 分鐘進 5000m」，
再計算 5000 ÷ 20 ＝ 250，
分速是 250m

感覺我超容易上當的⋯

那麼，接著要介紹速度問題的大魔王！旅人問題。

問題1〔彼此靠近的類型〕
A地和B地相距2975m，山田先生以每分鐘120m的速度從A地出發，佐藤小姐以每分鐘55m的速度從B地出發，朝彼此前進。
試問兩人出發後幾分鐘後會見面？

啊—⋯是這個啊⋯

還有這種類型的。

問題2〔追趕類型〕
中村先生在森田小姐前方369m。中村先生每分鐘前進112m，森田小姐每分鐘前進153m。請問森田小姐幾分鐘後可以追上中村先生？

啊—⋯開始有數學小考的味道了⋯

這類問題其實有固定的解法，也就是以下介紹的這兩者。

Pattern☆

WOW!!

| 彼此靠近 |
| （反方向前進） |
| ⇩ |
| 速度相加 |

| 追趕 |
| （同方向前進） |
| ⇩ |
| 速度相減 |

就是這幾招啦！

因為是追趕…
所以速度相減!!

369m

森田小姐→　中村先生→
分速153m　　分速112m

153－112，
每分鐘縮短
41m！

然後是問題2。
中村先生1分鐘前進
112m，森田小姐從
後面追趕，每分鐘
前進153m。
請問兩人的距離
每分鐘
縮短幾公尺？

HO！

後！

ㄏㄡㄟ
！

我知道了啦

我、

對，一開始兩人相距
369m，所以要追上
需要…？

369÷41＝9，
9分鐘後!!

那再來看看應用題。

問題1：有個池塘繞一圈是2790m。
太郎跟花子從同一個地方同時出發，
朝反方向繞池塘一圈。太郎每分鐘前進90m，
花子每分鐘前進65m。請問兩人出發後幾分鐘
會碰到彼此？

問題2：弟弟從家裡出發6分鐘後，哥哥開始追趕弟弟。
哥哥的分速為116m，弟弟的分速是92m。
請問哥哥出發幾分鐘後可以追上弟弟？

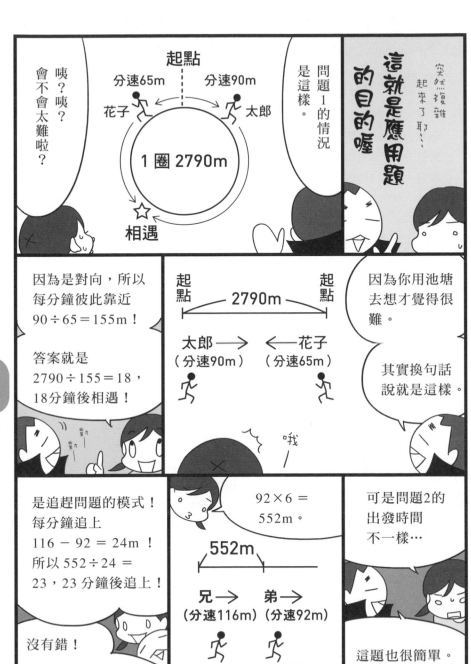

何 謂 時 速 、 分 速 、 秒 速 ？

速度可用時速、分速、秒速等單位表示。

時速…表示**1小時**可行進多少距離的速度單位。

分速…表示**1分鐘**可行進多少距離的速度單位。

秒速…表示**1秒鐘**可行進多少距離的速度單位。

例如「分速75m」就代表「1分鐘可行進75m」。

速 度 的 單 位 換 算

例如「時速18km等於分速幾m」這道題目。

時速18km等於「**1小時（＝60分鐘）可行進18km（＝18000m）**」。60分鐘前進18000m，所以1分鐘可前進的距離就是18000÷60＝300m。因此答案就是**分速300m**。

秒 速 〇 m 跟 時 速 □ k m 的 換 算 密 技

從秒速〇m換算為時速□km，或從時速□km換算為秒速〇m時，可以使用下列的密技。

「將秒速〇m換成時速□km」時，可用〇×3.6計算。

「將時速□km換成秒速〇m」時，可用□÷3.6計算。

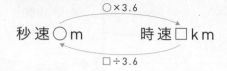

〇×3.6

秒速〇m　　　時速□km

□÷3.6

可用秒速〇m跟時速□km換算密技解決的問題

①秒速30m等於時速幾km？

→由於「秒速〇m換成時速□km」時，只需〇×3.6即可，故答案是

30×3.6＝**時速108km**。

②時速90km等於秒速幾m？

→由於「時速□km換成秒速〇m」時，只需□÷3.6即可，故答案是

90÷3.6＝**秒速25m**。

速 度 三 公 式

速度、距離、時間的關係，可用**速度的三種公式**來表達。

速度＝距離÷時間

距離＝速度×時間

時間＝距離÷速度

速 度 三 公 式 的 記 憶 法

速度的三公式可用下面的「距、速、時」畫圖法記憶。

「**距**」代表「**距離**」，「**速**」代表「**速度**」，「**時**」代表「**時間**」。

只要用**手指遮住要求的部分**，就能馬上看出該用哪個公式。

速 度 三 公 式 的 問 題

例如「某人用50分鐘走完3km的路程。請問他的腳程是分速幾m？」這個問題。由於「1km＝1000m」，所以「3km＝3000m」。距離3000m，用50分鐘走完，故根據**速度＝距離÷時間**的公式，可用以下算式求出速度。

3000÷50＝**分速60m**

第
6
章

速
度

何 謂 旅 人 問 題 ？

旅人問題，就是求兩個以上的人（物）或交通工具何時相遇，或何時追上彼此的問題。通常題目中會出現多個人或交通工具，且需要比較彼此的「速度」。

互 相 靠 近 的 旅 人 問 題

在互相靠近的旅人問題中，解題的關鍵在於「**1分鐘（或1秒鐘、1小時）內兩人向對方接近多少距離**」。因此通常要用**速度的和**來求解。

追 趕 類 的 旅 人 問 題

在追趕類的旅人問題中，解題的關鍵在於「**1分鐘（或1秒鐘、1小時）內一方追上另一方多少距離**」。因此通常要用**速度的差**來求解。

第 **7** 章

平面圖形

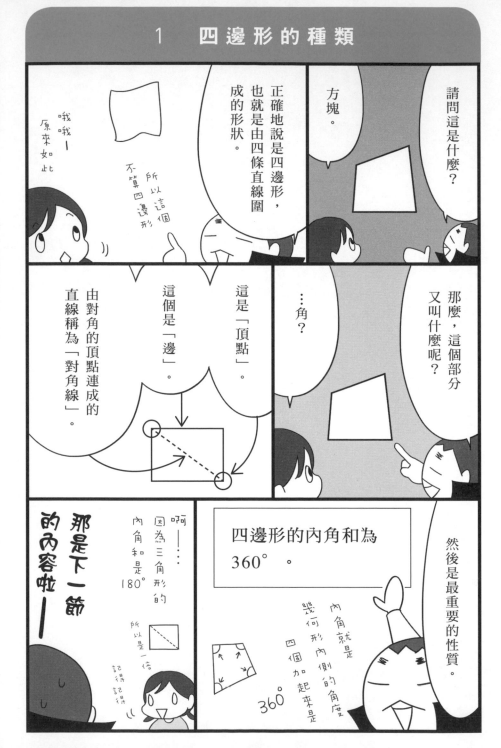

這裡為大家整理一下四邊形的種類。

正方形
四個邊等長且四角都是直角的四邊形

長方形
四角都是直角的四邊形

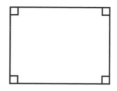

平行四邊形
由兩組平行的邊組成的四邊形

高

梯形
只有一組對邊是平行的四邊形

高

菱形
四個邊等長的四邊形

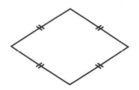

正方形的條件真嚴格呢。

哦！你的觀察力不錯喔！

順帶一提正方形和長方形的兩條對角線是等長的

菱形看起來也像是平行四邊形…

菱形是四邊等長的特殊平行四邊形。

要正確地記好這些特性的意義喔。

好像壓扁的正方形

正方形
↓

2 四邊形的面積

說到圖形問題的必考題，那就是

面積!!

面積就是「圖形大小」的意思。在小學考試中最常用的單位是 cm^2（平方公分）。

$1cm^2$ 就是邊長為 1cm 的正方形面積。

1cm
$1cm^2$ 1cm

因為很重要

宁正並找真嚴謹

那麼先從長方形的面積開始。請問這個長方形的面積是幾 cm^2？

5cm
3cm

簡單～

長×寬
$3×5=15$ cm^2

為何「長×寬」等於長方形的面積呢？

笑！

笑

因為學校這樣教…

好啦！好啦！

把邊長以 1cm 為間隔分開，長方形就能分成許多 1 cm^2 的小正方形，這個你知道吧？

5cm
1cm
$1cm^2$ 1cm
3cm

來快看

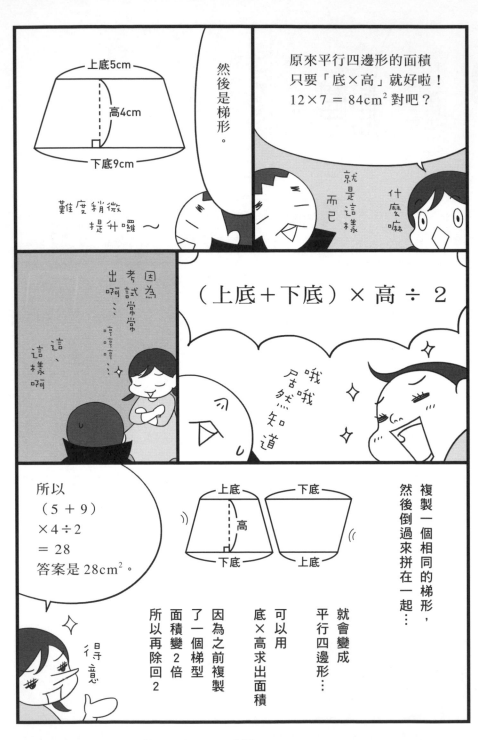

做得很好！那麼，最後是菱形。

這個會算嗎？

因為考試不常出…

是喔!?

掉

菱形除了「四邊等長」的性質外，還有「對角線垂直相交」的特性。

直角

菱形的面積可用「對角線 × 對角線 ÷ 2」算出。

又要除以 2 ？為什麼啊…

所以要「÷2」!!
$6 \times 10 \div 2 = 30cm^2$!

原來如此

圖2　長方形	圖1　菱形
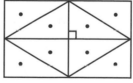	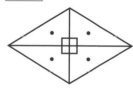

像圖1那樣把菱形分成四個大小形狀都相同的直角三角形然後把它們像圖2那樣用長方形包住就會出現四個一樣的直角三角形這個長方形的長寬即是菱形的對角線而且長方形的面積是菱形的2倍…

讓我們來看看三角形的種類吧。

正三角形
三邊等長的三角形

等腰三角形
兩邊長相等的三角形

直角三角形
其中一個角
是直角的三角形

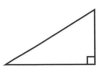

等腰直角三角形
兩邊等長且
此兩邊之夾角為
直角的三角形

直角只有九十度，一個嗎？

你畫得出有兩個直角的三角形嗎？

三角形的內角和為 180°

直角有兩個的話，三個角加起來就超過180度了。

呵呵！

這樣啊！

畫不出來吧

……

然後把三個角合起來…

180°

真的耶！！

哦

拆開來看就知道囉

首先把三個角分開

角

角

角

這種也是？

細長

一定是180°？

一定是180°。

不論哪種三角形？

不論哪種三角形。

然後以下是國中才會教的內容。

〔 三角形內角和為180°的證明法 〕

假設某三角形ABC的內角為 x、y、z
如右下圖所示，BC往C的方向延長
畫出直線CD。接著在畫出通過點C
與邊BA平行的直線CE
然後定義、$\angle ACE = x'$、$\angle ECD = y'$
由於BA與CE平行，且兩平行線的
內錯角相等，故 $\angle x = \angle x'$
同時，由於兩平行線的同位角也相等，故 $\angle y = \angle y'$
因此可得出，$\angle x + \angle y + \angle z = \angle x' + \angle y' + \angle z = 180°$
故三角形的內角和等於 $180°$

好—小學生可以去睡了

你不是小學生吧

4 三角形的面積

那接著來求三角形的面積吧。

底×高÷2！所以答案是
$9 \times 6 \div 2 = 27\text{cm}^2$！

高6cm
底9cm

為什麼要這樣算呢？

跟梯形一樣，複製一個相同的三角形，再倒過來。

就變成四邊形了！

是平行四邊形喔。

所以是底×高。但因為面積是兩倍，因此要「÷2」。

基本上正確！

但這裡有一個重點要注意！

忘記的話很容易踩到陷阱喔——

踩到陷阱大王

嚇！

請問這個三角形的面積是？

12cm
10cm
11cm

我看看，底是11cm，高是10cm？所以是
$11 \times 10 \div 2 = 55\text{cm}^2$。

感謝你漂亮地上當了！！

咦？算？算？

我們先做另一題，等等再來解釋。

138

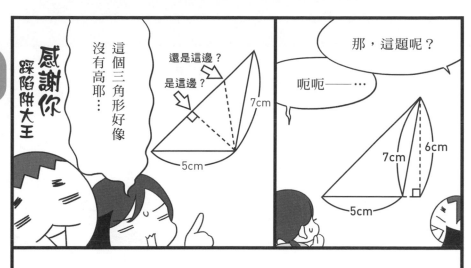

「底（的延長線）」與「高」必定垂直

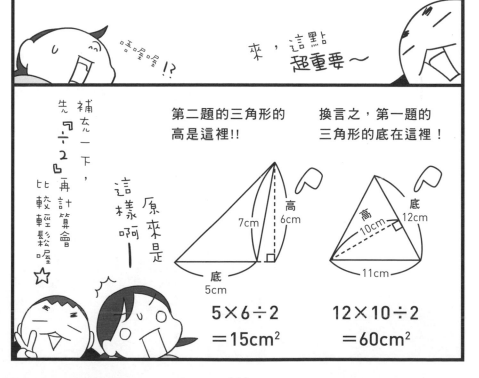

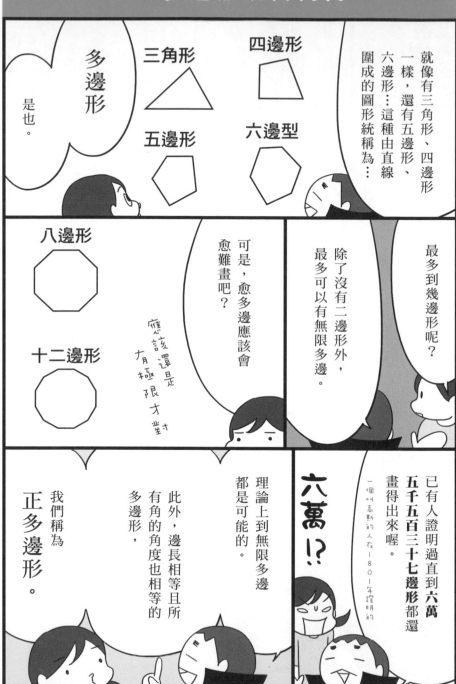

就像有三角形、四邊形一樣，還有五邊形、六邊形…這種由直線圍成的圖形統稱為…

多邊形

三角形

四邊形

五邊形

六邊型

是也。

最多到幾邊形呢？

除了沒有二邊形外，最多可以有無限多邊。

可是，愈多邊應該會愈難畫吧？

八邊形

十二邊形

應該還是有極限才對

已有人證明過直到六萬五千五百三十七邊形都還畫得出來喔。

一個叫高斯的人在一八○一年誕月的

六萬!?

理論上到無限多邊都是可能的。

此外，邊長相等且所有角的角度也相等的多邊形，

我們稱為正多邊形。

難道沒有邊長一樣，但角不一樣大的多邊形嗎？

正多邊形以外還是有啊。四邊形不就有嗎？

……啊！菱形!?

正三角形　　正方形

正五邊形　正六邊形

「方」也有四邊形的意思

然後多邊形還有個重要的公式。

□邊形的內角和等於

$$180 \times (\square - 2)$$

內角和即是內側的角度總和。

菱形的四個邊雖然等長，

但四個角的大小卻不一樣，所以不是正多邊形。

那正十二邊形的一個內角是多大呢？

我想想，因為正多邊形的內角大小都一樣……

原來如此！因為三角形的內角和是180°！

那麼十二邊形的內角和是？

$180 \times (12-2) = 1800$

1800°！

正確～

從多邊形的一個頂點畫對角線，可以畫出邊數減 2 個三角形。

四邊形

2個三角形

五邊形

3個三角形

六邊形

4個三角形

$1800 \div 12 = 150$

150°！

再來是圓。

哇!!

好懷念~

是黑板專用的圓規~

圓…也就是從定點用固定長度畫出的圈形…

從定點…

固定長度…

啊──

咦?變成圓了吧?

請記住這些名詞。

圓周（圓的外緣）

直徑 通過圓心，連接圓周兩端的直線

半徑 從圓心連到圓周的直線~

圓心（圓的中心點）

好──

所以「固定長度」指的就是半徑。

啊──我懂了。所以直徑是半徑的2倍對吧?

圓最重要的就是，

圓周長 和 **面積的算法**，

這兩者可以使用圓周率求出。

來啦──圓周率──

話說圓周率是什麼啊？

雖然記得公式，但卻不太清楚…

就是用圓周長除以直徑的數。

3.14…？

對。

圓周率是一個約為3.141592…的無限小數，現在科學家仍持續用電腦在計算中。不過小學數學一般當成3.14。

可是為什麼用那個就能算出周長和面積呢？

所謂的「圓周率」原本是用於表達「周長等於直徑幾倍？」的數字。

圓周率約3.14的意思，是指圓周的長度大約是直徑的3.14倍。

而周長約為直徑的3.14倍，就是圓這種形狀的特性。

呃──也就是說，因為圓周的長度÷直徑＝約3.14，所以才把這個獨特的數取名叫圓周率？

ㄅㄨ世ㄜ…鈴

既然圓周的長÷直徑＝圓周率，那要算圓周長的話…？

圓周長＝直徑×圓周率！

我懂了　原來是這回事啊

是不是很像長方形呢？

不完全像

喀嘣！

首先把圓從圓心像切披薩一樣分成12等分。

然後像這樣重新排列。

半徑

圓周的一半

那如果分成18等分呢？

感覺比較像了

半徑

圓周的一半

像這樣把圓細細地切成無限等分並重新排列後，底線就會無限接近直線，內角也無限接近90度。

原來如此

換言之，這個長方形面積（圓的面積）即是長×寬＝半徑×圓周之一半＝半徑×周長÷2

是也。

怎麼跟剛剛說的解法冇一樣

把算式像上面那樣變形就是剛剛說的公式了

圓面積＝半徑×周長÷2
　　　＝半徑×半徑×2×圓周率÷2
　　　＝半徑×半徑×圓周率

哦哦一!!
×2÷2後等於1!

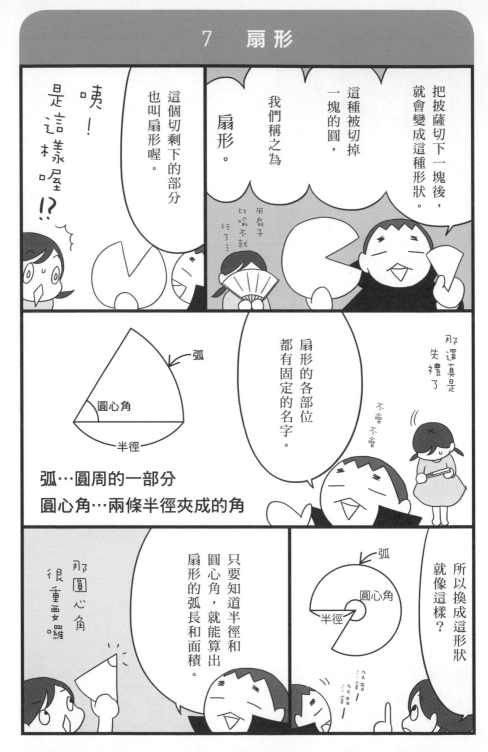

$$扇形的弧長 = 圓周長 \times \frac{圓心角}{360}$$

$$扇形的面積 = 圓面積 \times \frac{圓心角}{360}$$

公式長這樣。

$\frac{圓心角}{360}$ …

嚇！

這不就是

算同半徑圓的幾分之一嗎？

正是如此！

那麼，請算算這個扇形的弧長和面積吧。（圓周率為3.14）

80°

9cm

呃——弧長是…因為圓周是 $9 \times 2 \times 3.14$，

所以 $9 \times 2 \times 3.14 \times \frac{80}{360}$
18×3.14 是…呃…

好！換面積！

3.14留到最後再算可以減少計算失誤！

$9 \times 9 \times 3.14 \times \frac{80}{360}$
$= 9 \times 9 \times 3.14 \times \frac{2}{9}$
$= 1 \times 9 \times 3.14 \times 2$
$= 18 \times 3.14$
$= 56.52$

56.52cm²!

圓周率留到最後再算會比較輕鬆喔。

$\frac{80}{360}$ 也先約分成 $\frac{2}{9}$ 比較好。

$9 \times 2 \times 3.14 \times \frac{2}{9}$
$= 1 \times 2 \times 3.14 \times 2$
$= 4 \times 3.14$
$= 12.56$

原來如此

12.56cm!

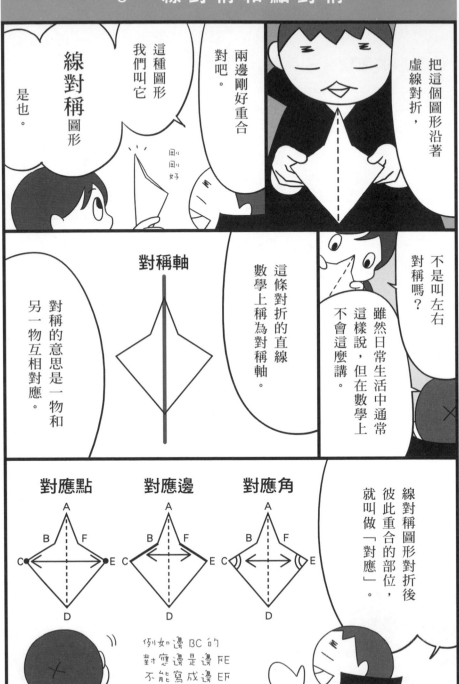

以某點（數學叫「幾何中心」）為中心旋轉180度後，

轉

再轉

又會變回跟原本完全相同的圖形，就叫做 點對稱圖形 是也。

哦─一樣耶

在這種圖形中，對應的點、邊、角在旋轉180度後會彼此重疊。

180度旋轉

所以點A對應的是轉過來後會跑到A位置的點G；

邊DE對應的是…邊JK！

角H對應的是…角B！

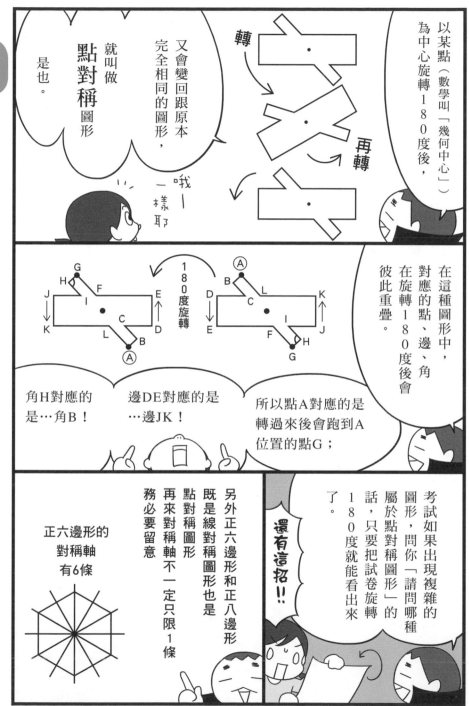

考試如果出現複雜的圖形，問你「請問哪種屬於點對稱圖形」的話，只要把試卷旋轉180度就能看出來了。

還有這招!!

另外正六邊形和正八邊形既是線對稱圖形也是點對稱圖形
再來對稱軸不一定只限1條務必要留意

正六邊形的對稱軸有6條

將某圖形維持同形狀放大後的圖形叫做放大圖，而縮小的情況稱為縮圖。

不是叫縮小圖嗎？

數學上稱為縮圖。

啊——…就像生活中常用「人生縮影」這種說法對吧？

總、總而言之，「形狀」和「大小」是不一樣的東西。

大小？

「形狀」說穿了，就是線和角度的組合，僅此而已。

所以放大圖和縮圖的「大小」雖然不同，「形狀」卻一樣。

所以，這個形狀的角B和角F其實一樣大嗎？

對，這時我們說「角B的對應角是角F」。

換言之對應角的大小都是一樣的。

所以如果角H是130度，那角D的大小是？

130度

皆是！

對不起 是我不好

雖然那也是 但最具代表性的 影印機…

想得到嗎—

我們身邊存在很多可以用到放大圖和縮圖的例子。

像是放大平板電腦的畫面？

另外我們身邊最典型的縮圖就是地圖。地圖的角落常常寫有
「1：20000」或「$\frac{1}{20000}$」標示，
代表這張地圖是 $\frac{1}{20000}$ 現實的縮圖。

這張地圖上的5cm代表現實的2萬倍，也就是100000cm等於1000m（＝1km）的長度。

抬起來！！ 把臉 抬起來！！ 快看 不見了！！ 老師！！

例如「倍率125%」就是？

1.25倍的放大圖！

那「倍率50%」？

0.5倍，也就是 $\frac{1}{2}$ 的縮圖！

影印機！ 好厲害！

四 邊 形 面 積 的 算 法

請記住下面五個求四邊形面積的公式。

正方形面積＝**邊長×邊長**

長方形面積＝**長×寬**

平行四邊形面積＝**底×高**

梯形面積＝（**上底＋下底**）**×高÷2**

菱形面積＝**對角線×對角線÷2**

三 角 形 面 積 的 算 法

三角形的面積可用**「底×高÷2」**算出。譬如計算下圖三角形ABC的面積。邊BC為**底邊**，而「與底邊垂直的線段AD」即為**高**。

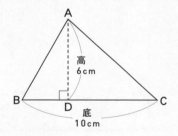

因此，底邊為10cm，高為6cm，

故三角形ABC的面積＝**底×高÷2**＝10×6÷2＝**30cm^2**。

高 在 三 角 形 外 的 面 積 解 法

請求出下圖三角形ABC的面積。

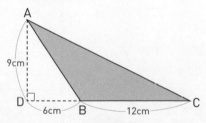

若以BC（12cm）為底邊，則**高為與底邊BC的延長線DB垂直的線段AD（9cm）**。

故三角形ABC的面積＝**底×高÷2**＝12×9÷2＝**54cm²**。

多 邊 形 與 正 多 邊 形

多邊形，即是**三角形、四邊形、五邊形…等，由直線圍成的圖形**。

至於**正多邊形**，則是指**所有邊等長，且所有角一樣大的多邊形**。

多 邊 形 的 內 角 和

□邊形的內角和，可用180×（□－2）算出。例如**六邊形的內角和**即是**180×（6－2）＝720°**。

然後還可以求**正六邊形1個內角的大小**。由於正六邊形的6個內角皆相等，故六邊形的1個內角大小便是720÷6＝**120°**。

圓 周 長 與 圓 面 積

圓周的長＝直徑×圓周率（＝半徑×2×圓周率）

圓面積＝半徑×半徑×圓周率

所謂**圓周率**，就是**圓周長除以直徑**得到的常數，小學數學通常設定為**3.14**。

扇 形 的 弧 長 和 面 積

扇形的弧長，即是圓周長「**乘以 $\dfrac{圓心角}{360}$**」

扇形的面積，等於圓面積「**乘以 $\dfrac{圓心角}{360}$**」

換言之，

扇形的弧長＝半徑×2×圓周率× $\dfrac{圓心角}{360}$

扇形的面積＝半徑×半徑×圓周率× $\dfrac{圓心角}{360}$

何 謂 線 對 稱 ？

例如右圖沿著**直線AB（對稱軸）對折**後，
兩側部分可**完全重合**。此類圖形就叫做**線
對稱**圖形。

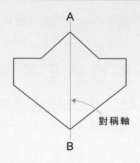

何 謂 點 對 稱 ？

例如下面的平行四邊，以**點O（幾何中心）為中心**旋轉180°後，又會變
回跟原本**一模一樣的圖形**。此類圖形就稱為**點對稱**圖形。

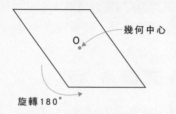

放 大 圖 和 縮 圖

將某個圖形維持原本形狀放大的圖，稱為**放大圖**。
將某個圖形維持原本形狀縮小的圖，稱為**縮圖**。
例如下圖的三角形甲，就是三角形乙的2倍放大圖。
而三角形乙是三角形甲的 $\frac{1}{2}$ 縮圖。

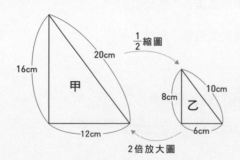

第 **8** 章

立體圖形

說到立體圖形最先想到的兩個，

就是立方體和長體。

立方體就是只由正方形組成的立體圖，

而只由長方形，或是由長方形和正方形組成的立體就是長方體。

嗯嗯？立方體跟長方體有什麼不同嗎？

只要女記得有『長』方形的就是『長』方體就行了

咦—是這樣啊

立體的大小稱為體積。在小學數學中，

使用的單位大多是 cm³（立方公分）

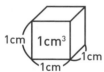

邊長為1cm的立方體體積為 1cm³

1cm　1cm³　1cm　1cm

立方體體積＝邊長×邊長×邊長
直方體體積＝長×寬×高

(1)　　(2)

4cm　4cm　4cm
4cm　6cm　5cm

公式就是這樣，請解解看吧。

(1)　$4 \times 4 \times 4 = 64\text{cm}^3$

(2)　$5 \times 6 \times 4 = 120\text{cm}^3$

很好。那麼，請問為什麼這樣算可以求出體積呢？

如何？

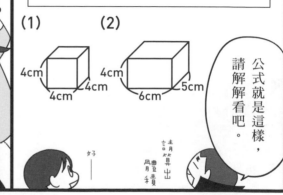

容積常用的單位是L（公升）。

$1L = 1000cm^3$
請記住這個公式。

遵命

接下來要介紹的是容積。

容積…

也就是容器裝滿時，水的體積。

熱氣騰騰

壽司

好啦好啦
鍛鍊腦力！！
就當是
啊！
是—

$50 \times 70 \times 30 = 105000$
所以是
$105000cm^3$！

那來練習問題。
請問左圖的容器容積是幾 cm^3？
不考慮容器的厚度。

70cm
50cm
30cm

出現啦
理科的
不考慮
摩擦力
型土題目

答對了—
嗚—因心…

可是這跟體積有什麼不同？

不是双意美我嗎？

那換成L（公升）的話？

$1L = 1000cm^3$ 吧？
那除以1000就可以了。
所以…拿掉3個0

105L！

問得好～！

那換成這個立體又怎麼樣呢？請求出它的容積。容積就是容器裝滿時水的體積喔！

6cm
6cm
7cm
8cm
8cm
8cm

容器…

$6 \times 6 \times 7 = 252$，
252cm^3？

沒有錯！那容器的體積呢？

啊！是用邊長8cm的立方體體積減去容積!?

$8 \times 8 \times 8 = 512$
$512 - 252 = 260$
260cm^3？

哦～!!

咭？體積跟容積不一樣吧？

嗯——的確是…

順帶一提，容器內側的邊長稱為『內邊長』喔！

可是，剛剛的問題說不用考慮容器厚度…

因為考試常出這種問題，很多孩子會被搞混，所以像這樣分開來教比較好。

就是這樣

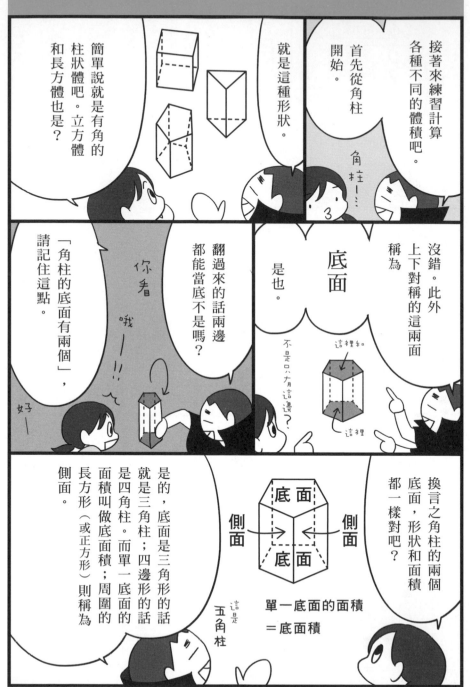

接著來練習計算各種不同的體積吧。

首先從角柱開始。

角柱…

3

就是這種形狀。

簡單說就是有角的柱狀體吧。立方體和長方體也是？

沒錯。此外上下對稱的這兩面稱為

底面

是也。

不是只有這邊？

這裡和

這裡

翻過來的話兩邊都能當底不是嗎？

「角柱的底面有兩個」，請記住這點。

你看哦——!!

好——

換言之角柱的兩個底面，形狀和面積都一樣對吧？

底面

側面　側面

底面

單一底面的面積＝底面積

這是五角柱

是的，底面是三角形的話就是三角柱；四邊形的話是四角柱。而單一底面的面積叫做底面積；周圍的長方形（或正方形）則稱為側面。

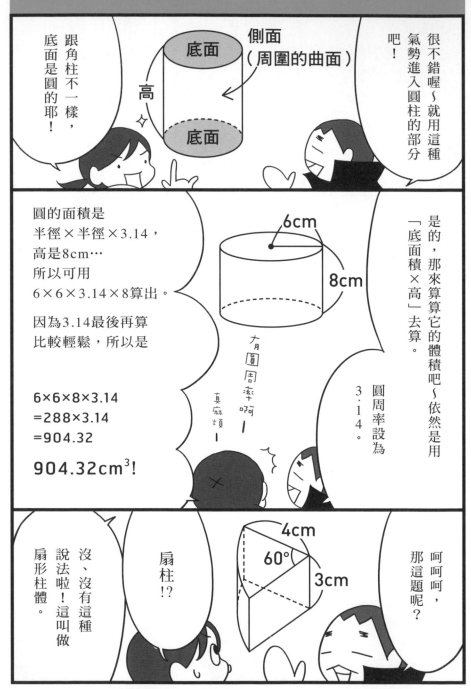

很不錯喔～就用這種氣勢進入圓柱的部分吧！

底面

側面（周圍的曲面）

高

底面

跟角柱不一樣，底面是圓的耶！

是的，那來算算它的體積吧～依然是用「底面積×高」去算。

6cm

8cm

圓周率設為3.14。

圓的面積是半徑×半徑×3.14，高是8cm…所以可用6×6×3.14×8算出。

因為3.14最後再算比較輕鬆，所以是

6×6×8×3.14
=288×3.14
=904.32

904.32cm³!

大圓周率呀！

真麻煩！

呵呵呵，那這題呢？

4cm

60°

3cm

扇柱!?

沒、沒有這種說法啦！這叫做扇形柱體。

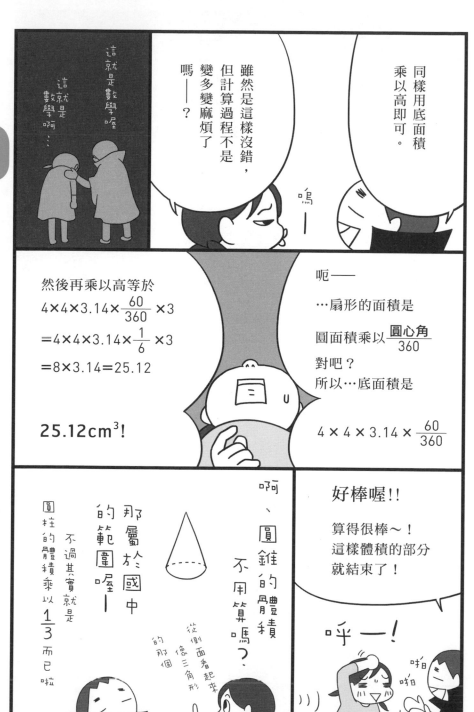

何 謂 立 方 體 和 長 方 體 ?

只由正方形組成的立體，就叫做**立方體**。

而單由長方形，或由長方形和正方形圍成的立體，則稱為**長方體**。

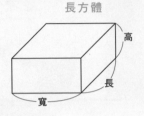

立 方 體 和 長 方 體 的 體 積

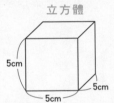

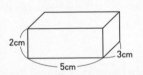

立方體的體積＝邊長×邊長×邊長

$$= 5 \times 5 \times 5$$

$$= \underline{125cm^3}$$

長方體的體積＝長×寬×高

$$= 3 \times 5 \times 2$$

$$= \underline{30cm^3}$$

何 謂 容 積 ?

容器裝滿時的水的體積，就稱為**容積**。

容積最常用的單位是**L**（公升），**1L＝1000cm³**。

此外，**容器內側的邊長**，稱為**內邊長**。

容 積 和 體 積 的 差 別

請計算下圖之容器的容積為幾cm³。

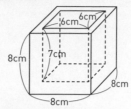

所謂的容積,即是**容器裝滿時水的體積**,

故**容積**＝6×6×7＝252cm³

然後再計算該容器的體積。容器的體積,就是**容器本身的大小**,故將邊長8cm的立方體體積減去容積,即可求出。

體積＝8×8×8－252＝260cm³

何 謂 角 柱 ?

下圖的這種立體,就叫做角柱。

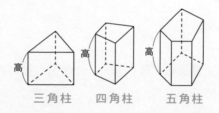

三角柱　　四角柱　　五角柱

角柱的**底面為三角形則是三角柱**,角柱**底面為四邊形**則是**四角柱**,角柱**底面為五邊形**則叫**五角柱**。

角 柱 的 體 積

角柱的體積可用「**底面積×高**」求出。例如請計算下圖三角柱的體積。

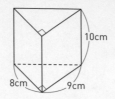

底面的三角形面積為$8×9÷2＝36cm^2$。

故**角柱的體積＝底面積×高**＝$36×10＝\underline{360cm^3}$

何 謂 圓 柱 ？

下圖的立體，即是圓柱。

圓 柱 的 體 積

圓柱的體積可用「**底面積×高**」求出。例如請計算下圖圓柱的體積（圓周率為3.14）。

底面的圓面積可用$5×5×3.14$求出。

而**圓柱的體積＝底面積×高**＝$5×5×3.14×6＝150×3.14＝\underline{471cm^3}$

第 9 章

比率和
比率圖

用語言表達有點難懂，但換成問題的話就像下面這種感覺。

正確來說，所謂的比率是「表達比較量相當於基準量之多少的數」。

哈？

再來進入比率的部分——…

就是整體的幾分之幾的意思？

啊，每一題都跟倍數有關呢。比率問題都是這樣嗎？

（1）72g是12g的□倍
（2）2L的0.7倍是□L
（3）32cm是□cm的1.6倍

需要女一定的閱讀比力喔

哦哦

原來如此

…4倍。

好比說，請問8是2的幾倍？

很好—
很好—

呵呵、謝謝

沒錯沒錯!!
「～倍」＝比率!!
以某量A為標準，比較另一個量B時，也可以說是在求「B是A的幾倍」。

169

比
÷
基 × 率

比＝比較量
基＝基準量
率＝比率

「比率三公式」

跟「距、速、時」的要領一樣，用手指遮住要求的部分。

（1）求比率的時候

比率
＝比較量
÷基準量

（2）求比較量的時候

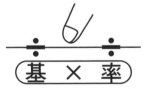

比較量
＝基準量×比率

（3）求基準量的時候

基準量
＝比較量÷比率

那麼，就利用這個方法解解看168頁的問題吧。

（1）72g是12g的□倍。
因為『的』的前面是「12g」，
所以12是基準量，
而比率就是
「比÷基」等於……

72÷12=6
□=6！

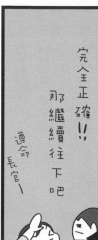

完全正確!!

那繼續往下吧

遵命～長官～

（3）32cm是□cm的1.6倍。
『的』的前面是□cm，
請算出基準量。

比率為1.6
比較量是32

32÷1.6=20
□=20！

（2）2L的0.7倍是□L。
『的』前面的「2L」是基準量
比例是0.7倍。
請算出比較量。

2×0.7=1.4
□=1.4！

比率的重點就是
『的』和「比、
基、率」唷☆

哦～!!太完美了!!

...話說那是我的台詞...

原來啊——

的比率
表達方法。

所謂百分比就是

百分之幾

…是百分比…東東來著？

百分比開始。

接著來學習「比率」的各種表示方法吧。首先從

化成百分比時，小數比率的0.01（倍）就等於1%（百分之一）。

小數的比率。

在剛才的問題中出現的0.7倍和1.6倍等，就叫做

小數的比率？是剛剛做過的那個？

那你知道1%改成「小數的比率」後是多少嗎？

因心？因心？

兩者的關係就像這樣。

順帶一提，英文的果汁（juice）通常是指純度100%的果汁；而純度低於100%則叫飲料（drink）

小知識唷～

原來如此

×100

小數比率　　→　百分比

÷100

0.01倍等於1%
0.7倍等於70%
1.6倍等於160%

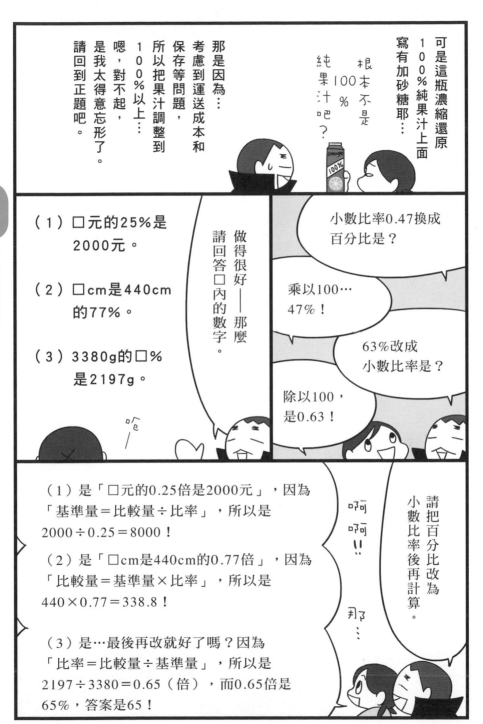

很好很好，那麼接著要分享一種日本特有的比率表示法，叫做

步合。

步合制（抽成制）的步合？

步合制這個詞正是從「步合」演變而來的。

話說漫畫的稿費也是用抽成制呢——賣不好的話就完全賺不到錢…

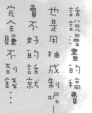

小數比率換成步合後是這樣稱呼的。

小數的比率	步合
0.1（倍）	→ 1割（等於中文的「成」或「分」）
0.01（倍）	→ 1分（等於中文的「釐」）
0.001（倍）	→ 1厘（等於中文的「毫」）

快點回來—

賺不了錢啊根本…

啊啊…這就是步合呀…

話說版權費啊…大概都只有一成而已喔…比音樂界還要低得多呢…如果賣不好的話…

振作一點啊啊！

快看啊！好比日文的「3割引（降價三成）」！！是不是很眼熟呢？這就是原價減少0.3倍的意思喔～有沒有聽過啊！！

真不錯呢…
「降價三成」…

聽起來真爽…

哦！

總算稍微回魂了

還有日本棒球打擊率的「3割2分5厘」，這種說法也是步合。

3割2分5厘，也就是 0.325倍…？

打擊率0.325倍是什麼意思？

小數比率	→	1
百分比	基準量（全體） →	100%
步合	→	10成

這裡是很重要的重點喔

原來如此！

就是以全打席都打出安打為打擊率1倍（10割）來比較的數值。

下面還有系、忽、微、纖、沙、塵、埃…

有喔，像是厘的10分之1叫做「毛」。

塵字真長，什麼塵啊的

舉例來說，
0.85倍＝
85%＝8割5分。

啊，可是應該還有比厘更小的單位吧？像是0.0001倍之類的。

175

176

又要進入小知識？可以嗎？

好吧…

嗯…不過好想知道…

其實日文的「分」也有十分之一的意思，例如不是有「十分（「充分」之意）」這種用法嗎？

所以「九分九厘」其實就是「幾乎」的意思。

啊——所以才有「五分五分（「一半一半」之意）」和七分咲（「花開七成」之意）這種說法啊。

沒錯。這些用法中，十分就代表全部的意思。

來，練習題。

把解法一樣是小數有比率改成

（1）□kg是1800kg的6割4分5厘
（2）9800元的□割□分□厘是4459元
（3）□m的3割8分2厘是267.4m

（1）是「□kg是1800kg的0.645倍」，要求的是比較量，所以□＝1800×0.645＝1161

（2）是…只要把計算結果換成步合就好。「9800元的□倍是4459元」，所以比率=4459÷9800=0.455，是4割5分5厘。故答案是④、⑤、⑤

（3）是「□m的0.382倍為267.4m」，要求的是基準量，故□＝267.4÷0.382，這題好難算啊……呃…□＝700！

呼——…計算好累…為什麼要有這麼多種表示法呢？

因為比較好理解ㄅㄧㄚ！

比起「體脂肪減少0.03倍！」和「減價0.2倍！」「減少3%！」和「降兩成！」聽起來更好懂吧？

5　比率圖

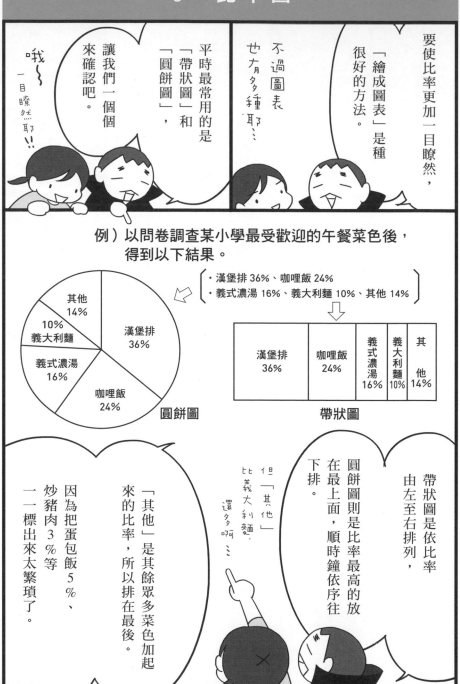

哦～一目瞭然耶‼

讓我們一個個來確認吧。

平時最常用的是「帶狀圖」和「圓餅圖」，

不過圖表也有多種耶⋯

「繪成圖表」是種很好的方法。

要使比率更加一目瞭然，

例）以問卷調查某小學最受歡迎的午餐菜色後，得到以下結果。

・漢堡排 36%、咖哩飯 24%
・義式濃湯 16%、義大利麵 10%、其他 14%

圓餅圖

其他 14%
10% 義大利麵
義式濃湯 16%
咖哩飯 24%
漢堡排 36%

帶狀圖

漢堡排 36%	咖哩飯 24%	義式濃湯 16%	義大利麵 10%	其他 14%

因為把蛋包飯 5%、炒豬肉 3% 等一一標出來太繁瑣了。

「其他」是其餘眾多菜色加起來的比率，所以排在最後。

但「其他」比義大利麵還多啊⋯

圓餅圖則是比率最高的放在最上面，順時鐘依序往下排。

帶狀圖是依比率由左至右排列，

像這樣畫成圖表，就能更清晰地看見各種資訊。

好比假設填寫這份問卷的學生一共有400人，請問喜歡咖哩的學生有幾人？

400人的24%嗎？

$400 \times 0.24 = 96$，所以是96人！

那喜歡漢堡排的人數是喜歡咖哩的幾倍呢？

分別是36%跟24%，

所以 $36 \div 24 = 1.5$，1.5倍！

既然喜歡咖哩的學生有96人，由此可推知喜歡漢堡排的學生是幾人？

因為是1.5倍，$96 \times 1.5 = 144$，

144人！

簡單～

那最後一題！喜歡濃湯的學生有64人，請問這所學校一共有幾名學生？雖然已經知道答案是400人，但還是請寫出計算過程。

啊——！就是寫出那句話對吧？

↙ 那句話

□人的16%是64人，

所以…
要求的是基準量，因此
$□ = 64 \div 0.16 = 400$

400人！

正確!!

「比率和比率圖」總整理

何謂比率？（1）

（例題）以5為基準，與10比較，請問10是5的幾倍？

（解法）
本例題可用10÷5＝**2倍**求出。
本例題出現的數5、10、2（倍），名稱分別如下。

5…**比較量**
10…**基準量**
2（倍）…**比率**

何謂比率？（2）

「以5為基準，與10相比，問10是5的幾倍？」這種題目，要用「**比較量10**」除以「**基準量5**」計算，即可求出比率為2倍。

$$10 \div 5 = 2（倍）$$

比較量 ÷ 基準量 ＝ 比率

換言之，**比率**的意思，即是用於表述**比較量相當於基準量之多少（幾倍）的數**。

比率、比較量、基準量的分辨法

「○是△的～倍」和「△的～倍是○」這種表述，可以用以下①②③的順序分辨。

①「**的**」前面的△是**基準量**
②「**～倍**」是**比率**
③剩下的○是**比較量**

※然而，要注意此方法有時不適用於「○是△的～倍」和「△的～倍是○」以外的表述方式。

比 率 的 三 公 式

比率、比較量、基準量的關係，可用比率三公式來表示。

比率＝比較量÷基準量

比較量＝基準量×比率

基準量＝比較量÷比率

比 率 三 公 式 的 記 憶 法

比率的三個公式，可用下面的「**比、基、率**」圖來幫助記憶。

「**比**」是「**比較量**」、「**基**」是「**基準量**」、「**率**」是「**比率**」。

只要遮住要求的部分，即可看出要套用哪條公式。

何 謂 百 分 比 ？

百分比，就是以**「百分之幾」來表示的比率**，是比率的一種表示方法。

小數比率0.01（倍）稱為1%（百分之1）。

例如小數比率0.68（倍）換成百分比，即是0.68×100＝<u>68%</u>。

而百分比57%換成小數則是57÷100＝<u>0.57（倍）</u>。

何謂步合？

步合是一種日本特有的比率表示方法，寫法如下。

小數的比率　　　　　　　步合

0.1（倍）　　→　　**1割**

0.01（倍）　　→　　**1分**

0.001（倍）　　→　　**1厘**

譬如小數比率的0.981（倍）換成步合，寫做**9割8分1厘**。而步合的6割5分7厘換成小數，就是**0.657（倍）**。

何謂帶狀圖？

帶狀圖，即是以一個長方形代表整體，以直線切割各部位來表示比例的圖表。例如下圖就是帶狀圖的一例。

[例]**某農田收穫量的比率**

紅蘿蔔 45%	白蘿蔔 25%	洋蔥 20%	其他 10%

何謂圓餅圖？

圓餅圖，即是**以一個圓代表整體，以半徑線切割各部位來表示比例的圖表**。例如下圖就是圓餅圖的一例。

[例]**某農田收穫量的比率**

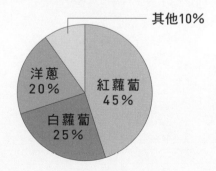

第 10 章

比

1 什麼是比？

前一章介紹的「比率」，是用於表現兩個數之間的關係。

「2是5的0．4倍」這句話，比較了2和5這兩個數。

但比較兩個數或量的方法，其實還有一種。

欸——是什麼啊？

例如2跟5的比率，也可以這樣表示。

2：5

（讀做2比5）

像這樣表示的比率叫做

比

比？

是也。

不過這樣寫，就不能像比率那樣看出「幾倍」了耶？

A：B的意思是以「比值」呈現「A÷B的解」。

只要求出比值就不用擔心了。

（例）

2：5的比值→$2 \div 5 = \dfrac{2}{5}$

像這樣求出比值就能知道

「2是5的$\dfrac{2}{5}$倍」

用分數來想的話，比值的左邊就是分子，而右邊是分母。

分子　分母

$\dfrac{2}{5}$ 不用改成小數嗎？改0.4。

不用改啪，因為 $\dfrac{2}{5}=0.4$。

$=\dfrac{2}{5}$

寸寸寸 然後比值 就是這樣

有的孩子會不清到底是 $2\div5$ 還是 $5\div2$。這種時候在比的符號「：」中間畫一條橫線變成「÷」，就知道該怎麼算了。

那來練習題目。請求出這三題的比值吧。

(1) $42:54$

$42\div54$

$=\dfrac{42}{54}$

$=\dfrac{7}{9}$

(2) $15.6:2.6$

$15.6\div2.6$

$=6$

(3) $\dfrac{6}{7}:\dfrac{27}{28}$

$\dfrac{6}{7}\div\dfrac{27}{28}$

$=\dfrac{6}{7}\times\dfrac{28}{27}$

$=\dfrac{8}{9}$

只要加上『÷』就簡單了☆

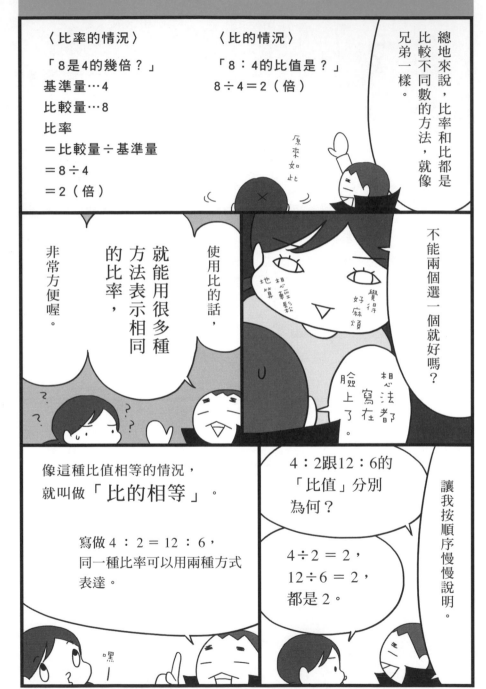

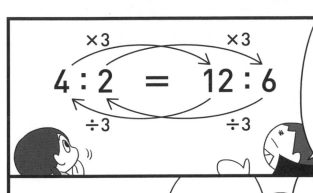

更進一步地說，在A：B的情況下，A和B即使乘以或除以同一個數，比也不會改變。

$$4 : 2 = 12 : 6$$

只要利用這點，就能把比簡化為最小的整數。這就叫

「簡化比數」

是也。

讓我們實際練習看看吧！請簡化下列的比數。

(1) 80 : 112

(2) 4.2 : 2.8

(3) $\dfrac{14}{15} : \dfrac{7}{18}$

（1）

除以用同一個數來縮小數值…所以用最大公因數去除就可以了。80 跟 112 的最大公因數是 16，所以除以 16 是…

$$80 : 112$$
$$= 5 : 7$$

（2）

因為兩邊乘以同一個數不影響比值，所以就乘以 10 倍改成整數比 42：28，42 跟 28 的最大公因數是 14，所以約分後是…

$$42 : 28$$
$$= 3 : 2$$

（3）

先把分數比改成整數比，故分母同乘以最小公倍數…15跟18的最小公倍數是…90

$$\dfrac{14}{15} \times 90 : \dfrac{7}{18} \times 90$$
$$= 14 \times 6 : 7 \times 5$$
$$= 84 : 35$$
$$= 12 : 5$$

成長了呢…嗚嗚

怎麼樣！

3 什麼是比例式？

那麼，差不多該進入「比的生活應用」單元…

在那之前還要介紹一個計算的訣竅。

雖然是國一才會教的內容，但小學先學起來的話，絕對會很有利唷！就像密技一樣～

很有利的…

密技…

像A：B＝C：D這種比的等式，稱為「比例式」。

而比例式有著「內項的積跟外項的積相等」的特性。

外項

$$A：B ＝ C：D$$

內項

的時候，B×C＝A×D是成立的。

哦～

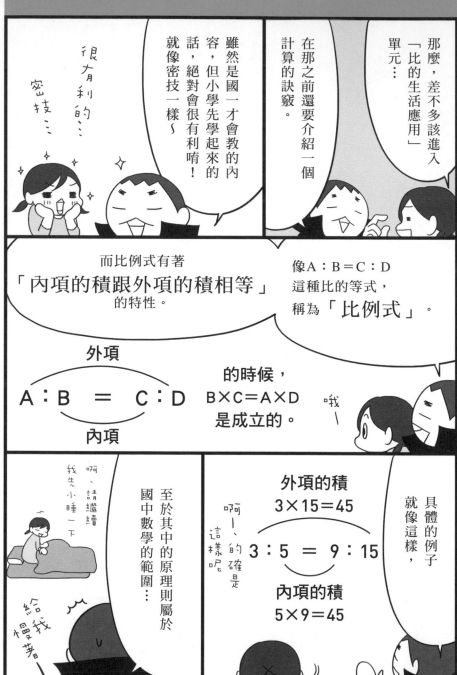

具體的例子就像這樣，

外項的積
3×15＝45

啊～、的確是這樣呢

3：5 ＝ 9：15

內項的積
5×9＝45

至於其中的原理則屬於國中數學的範圍…

啊、青蛙、話說回來

我先小睡一下

給我慢著

188

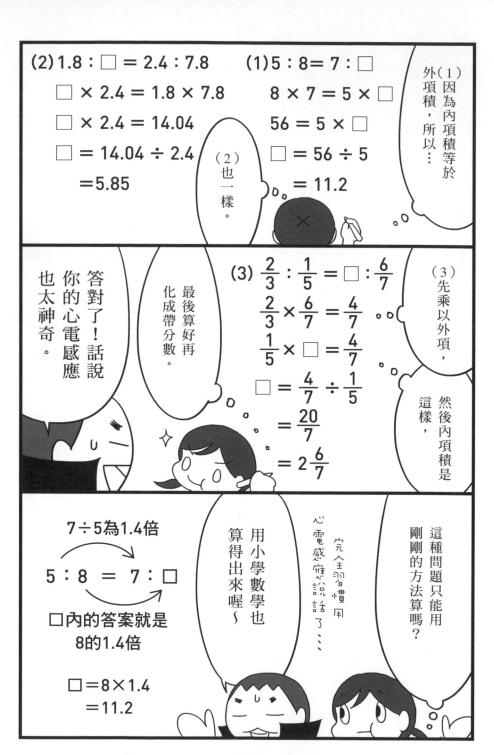

4 比的應用題

再來是比的應用題～

問題
姊姊和妹妹輪流投球，
投出的距離比為5：3。
試問若姊姊投了60m，
則妹妹的球投了多遠？

這種解法不也
很簡單嗎？

那要視題目而而定，
所以兩種都懂比較
方便。

開始習慣了…

來，
請算算看這題吧。

畫成數線就好懂
多了。

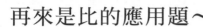

60m   ?m

姊姊   妹妹
（5格） （3格）

原來如此，
姊姊的
5格是
60m，所以
一格就是
60÷5等於
12m。

那妹妹的
3格是
幾m呢？

12×3＝36，
是36m！

畫成數線
真好懂

也可以用
「內項積
＝外項積」
的公式去解。

$$5 : 3 = 60 : \square$$
$$3 \times 60 = 5 \times \square$$
$$\square = 3 \times 60 \div 5$$
$$= 3 \times 12$$
$$= 36 (m)$$

由5：3＝60：□可以得知
5→60，而60÷5＝12，
所以是12倍。然後
3→□也是12倍，
故3×12＝36（m）。

當然也可以這樣解，最好兩種解法都能運用自如。

感覺我已經成為計算「比」的大師了…！！

對吧—

那就再做兩題！！

用比例式來算就是
4：9＝36：□
9×36＝4×□

所以
□＝9×36÷4
　＝9×9
　＝81

81cm³！

問題1
下圖的立方體和長方體的
體積比為4：9。
請問當立方體的體積為36cm³時，
直方體的體積為多少cm³？

36cm³

?cm³

192

問題2
兄弟三人裡，長男、次男、
三男的每月零用錢
比為6：4：3。
若次男的零用錢是500元，
則長男和三男的零用錢
分別有多少？

這題畫成數線好像比較容易，可以嗎？

當然可以。

? 元　　500元　　? 元

長男　　次男　　三男
（6格）　（4格）　（3格）

從次男的部分來看，一格
的大小是
500÷4＝125（元）
所以…
長男為125×6＝750，
也就是750元！
三男為125×3＝375，
是375元！

怎麼這樣

正確！就這樣
繼續解下去。

不知不覺間
又開口說話了！！

糖果很好吃喔

是說啊
三男的零用錢
會不會太小了？

——那個嘛——…
反正只是練習題而已

何謂「比」和「比值」？

例如5和7的比率寫做5：7（讀做5比7）。用這種形式表達的比率，就稱為**比**。

而A：B的**比值**，就是**「A÷B的解」**。

例如5：7的比值就是$5÷7=\frac{5}{7}$。

何謂等比關係？

例如1：3的比值為$1÷3=\frac{1}{3}$。而2：6的比值則是$2÷6=\frac{2}{6}=\frac{1}{3}$。換言之，1：3和2：6的比值都是$\frac{1}{3}$。

當兩個比的比值相同時，我們就說**這兩個比是相等的**。

並且會使用等號（＝）表達為「1：3＝2：6」。

相等比的性質 其一

相等的比具有「**當A：B時，A和B乘以相同的數，比維持不變**」的性質。

［例］

$$\overset{\times 4}{\overgroup{6：7＝2}4}：28$$
$$\underset{\times 4}{}$$

相等比的性質 其二

相等的比具有「**當A：B時，A和B除以相同的數，比維持不變**」的性質。

［例］

$$\overset{÷3}{\overgroup{21：12＝7}}：4$$
$$\underset{÷3}{}$$

（整 數）比 的 簡 化

利用相等比的性質，**將整數比的數字簡化至最小**，就叫做「**簡化比數**」。

整數比只要將**比號兩邊同除以最大公因數，即可簡化比數**。

例如「18：24」的比，只要將**比號兩邊同除以18和24的最大公因數6**，就能像下圖那樣簡化比數。

[例]

$$18 : 24 = 3 : 4$$

（÷6）

（÷6）

小 數 比 的 簡 化

要簡化小數比時，要**先將比號兩邊的數乘以10倍、100倍**…將其化為整數比後再進行簡化。

[例]　　0.8 : 1.2

= 0.8 × 10 : 1.2 × 10　　兩邊同乘以10倍

= 8 : 12

= 2 : 3　　除以最大公因數4

分 數 比 的 簡 化

遇到分數比的時候，要**先將比號兩邊同乘以分母的最小公倍數**，化為整數比後再進行簡化。

[例]　　$\dfrac{8}{9} : \dfrac{1}{6}$

乘以分母（9和6）的最小公倍數18

$= \dfrac{8}{9} \times 18 : \dfrac{1}{6} \times 18$

$= 16 : 3$

何 謂 比 例 式 ？

所謂**比例式**，就是像A：B＝C：D，用以**表示等比關係的數學式**。
比例式內側的B和C稱為**內項**，外側的A和D稱為**外項**。

$$A : B = C : D$$

比 例 式 的 性 質

在比例式A：B＝C：D中，內項（B和C）相乘的結果，跟外項（A和D）相
乘的結果相等。換言之，比例式具有「**內項積等於外項積**」的性質。

［例］

外項積為3×21＝ 63

$$3 : 7 = 9 : 21$$

相等

內項積為7×9＝ 63

第 11 章

正比與反比

差不多要進入總結了～

啊——這我有印象

來談談「正比」和「反比」吧。

頁數也剩不多了

這裡就快黑...

嘖嘖嘖

正比和反比在小學階段雖然教得不多，卻是踏入國高中「函數」殿堂的入口，非常重要喔。

我只記得三角函數這個詞...

有一次函數、二次函數、三角函數、指數函數、微分、積分…

所謂的「函數」，即是「當某實數 x 變化時，另一數 y 也跟著變化的對應關係」。

不要啊—啊啊啊啊啊

此外還有三次函數喔

總而言之，這裡先不要太深究比較好吧？

說得好有道理

那麼就來看看函數世界基礎中的基礎，

也就是正比與反比！

Let's Go！

是—

先從正比開始。

假設有兩數 x 和 y，當 x 變為 2 倍、3 倍…y 也會隨之變成 2 倍、3 倍…時，我們就說「x 與 y 成正比」。

為什麼突然變成 x 和 y 呢？

×和 y 了？
A 和 B 呢…
知了？

因為要配合國高中才會學的『函數』

例如左圖的 y 和 x 就是正比關係。

長方形面積 y cm²
寬 4cm
長 x cm

由於「長方形面積＝長×寬」，所以 x 為 1 時 y 等於 4，x 為 2 時 y 等於 8，x 是 3 的話 y 則是 12。

也就是像這個樣子。x 變成 2 倍、3 倍的話，y 也會變成 2 倍、3 倍。

x 由 3 乘以 2 倍變成 6，y 也跟著變成 2 倍了呢。

		3倍	2倍			
		2倍				
長的長度 x（cm）	1	2	3	4	5	6	……
長方形面積 y（cm²）	4	8	12	16	20	24	……
		2倍				
		3倍	2倍			

哦哦！很敏銳喔！

欸嘿

換言之，當 y 與 x 成正比時，無論切下表格的哪欄，

「當 x 變成2倍、3倍， y 也會變成2倍、3倍」

的關係都會成立。

剛剛還出現了表示面積的公式，請問把這個式子換成 $y=\cdots$ 的形式該怎麼寫呢？

面積是 y （cm²），而長是 x （cm），所以是 $y=4\times x$ ？

正是如此。y 與 x 成正比，代表下面這個算式成立

$$y = 常數 \times x$$

所以說

在這一題裡，常數就是4？

請問（表1）和（表2）何者的 y 與 x 成正比？

沒錯。那再看下一題吧。

（表1）	x	1	2	3	4	5
	y	120	240	360	480	600

（表2）	x	1	2	3	4	5
	y	400	800	1000	1200	1400

200

（表1）的 x 變成 2 倍、3 倍時，y 也跟著變成 2 倍、3 倍；

可是（表2）的 x 從 1 變 2 的（2倍）時候，y 雖然也變成 2 倍了，但 x 變成 3（3倍）的時候 y 卻沒有變成 3 倍。

所以成正比的是（表1）！

就是這麼回事。

勉強勉強、ㄅㄡ合合！—3

考試有時會出現（表2）這種看似成比例，實際卻沒有的陷阱題，必須要注意。

西女仔絲看完整張表曜！好好詐！

那（表1）的比例寫成關係式長什麼樣子？

常數是120吧…
$y = 120 \times x$

那你知道常數是怎麼算的嗎？

似懂非懂

例如240＝□×2這個式子，要求□的時候，該怎麼計算呢？

$240 \div 2 = 120$

那如果要求 $y =$ 常數 $\times x$ 的常數，該怎麼算呢？

$y \div x$！

一起來好好搞懂吧。

真的耶，$y \div x$ 的答案是固定的。

總而言之，遇到這種只給你 x y 的量、要求常數的題目，只要這樣計算就可以了。

全部是 120！

x	1	2	3	4	5
y	120	240	360	480	600
$y \div x$ 的解	120	120	120	120	120

因為 $y = 120 \times x \cdots$
所以 $y = 120 \times 19 = 2280$！

另外，當 x 是19的時候，請問 y 是多少呢？

y 與 x 成正比，假設 $y = \dfrac{1}{2} \times x$，請畫出 $y = \dfrac{1}{2} \times x$ 的線圖。

圖表啊——

接著來看看正比關係圖吧。

很好！那麼這問題就到此為止。

首先用表格整理一下 x 和 y 的關係吧。別忘記把0也寫上。

x	0	1	2	3	4	5	6	7
y	0	$\dfrac{1}{2}$	1	$1\dfrac{1}{2}$	2	$2\dfrac{1}{2}$	3	$3\dfrac{1}{2}$

啊、常數也可以是分數嗎？

可以是分數或小數喔——。

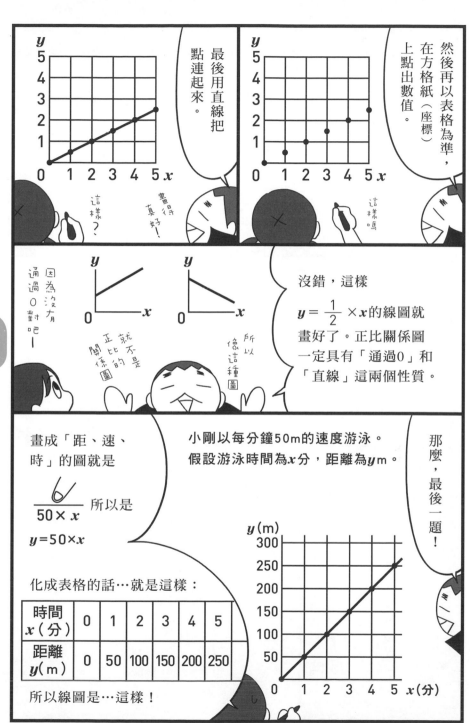

3　什麼是反比？

x 變成 2 倍、3 倍，
y 也變成 2 倍、3 倍，
是所謂的正比關係。

那麼反比
又是什麼呢⋯

y 變成 $\frac{1}{2}$ 倍、
$\frac{1}{3}$ 倍⋯？

哦！
你已經懂了呢！

例如面積是 21cm² 的長方形，
寬是 $x$cm，
長是 $y$cm，
請求出 x 和 y 的關係。

寬
x cm

面積 21cm²

長 y cm

寬（x）是 1（cm）的時候，長（y）是 21（cm）；
2（cm）的時候是 10.5（cm）；3（cm）的時候
是 7（cm）⋯

這種關係，
我們就說
「y 與 x 成反比」。

懂了！

	2倍	3倍			3倍
寬 x（cm）	1	2	3	7	10.5	21
長 y（cm）	21	10.5	7	3	2	1
	$\frac{1}{2}$倍	$\frac{1}{3}$倍			$\frac{1}{3}$倍

也就是這樣。
x 變成 2 倍、3 倍時，
y 也會跟著 x 變成
$\frac{1}{2}$ 倍、$\frac{1}{3}$ 倍⋯。

那麼，也把反比關係改成 $y=$…的式子看看吧。因為 長（$y$cm）＝長方形面積（21cm²）÷寬（$x$cm），所以…？

反比的數學式就像這樣，可用

$$y＝常數÷x$$

來表示。

$y＝21÷x$！

沒錯。

剛剛的表格也會變成這樣。

$x×y$全部都是21！

寬 x（cm）	1	2	3	7	10.5	21
長 y（cm）	21	10.5	7	3	2	1
$x×y$ 的解	21	21	21	21	21	21

所以才叫常數啊！

來！接著一起來畫畫看反比的關係圖吧。

為什麼吃進去的食物和體重不是成反比呢…

呃——…

拉拉

剛剛我們求出 y 與 x 成反比，且兩者的關係是 $y = 6 \div x$。

麻煩你替大家畫一下 $y = 6 \div x$ 的關係圖吧。

x 可以只選能整除 6 的數喔

來畫表格

來筆

比正整除 6 的數哩 =3

太棒了　很好　很好

x	1	1.5	2	3	4	6
y	6	4	3	2	1.5	1

那麼，請把這些數畫在線圖上。

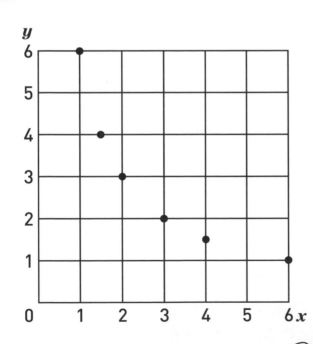

好厲害。太完美了

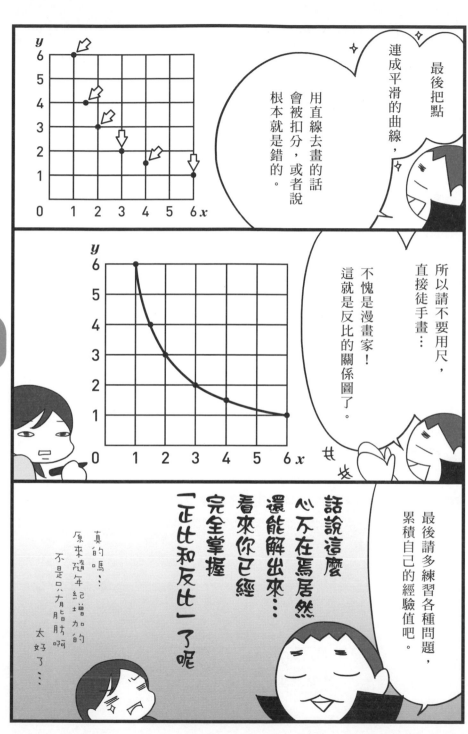

何 謂 正 比 ? 其 一

假設有兩數x和y,當x變為2倍、3倍,y也跟著變為2倍、3倍時,我們便說「y**與**x**成正比**」。

此時x與y的關係可以用數學式「y=**常數**×x」表示。

何 謂 正 比 ? 其 二

例如假設某平行四邊形的底為3cm、高$x$cm、面積$y$cm²。

由於「平行四邊形的面積=底×高」,故可得出「y=**3**×x」。此時y與x便成正比關係。

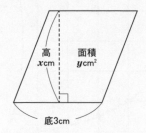

用 表 格 表 示 正 比 關 係

例如在「y=**3**×x」這個式子中用0代入x,則y=3×0=0。然後再用1代入x,則y=3×1=3。依此類推,依序將數字帶入x,即可用表格畫出正比的關係。

(表1)「y=**3**×x」的表格

正比關係圖

將（表1）的數點在方格紙（座標）上，然後將點連起來，即可畫出如下的**正比關係圖（$y=3 \times x$）**。

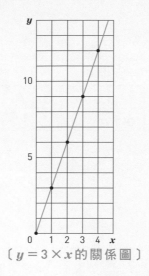

〔 $y=3 \times x$ 的關係圖 〕

如上圖所見，正比關係圖必定是**通過0（原點）的直線**。

何 謂 反 比 ？ 其 一

假設有兩數x和y，當x變為2倍、3倍，y也跟著變為 $\frac{1}{2}$ 倍、 $\frac{1}{3}$ 倍時，我們便說「**y與x成反比**」。

此時x與y的關係可以表示為「**$y=$常數$\div x$**」。

何 謂 反 比 ？ 其 二

例如假設某人以時速$x$km前進，花費y小時走完6km。

由於「時間＝距離÷速度」，故可得出「**$y=6 \div x$**」。此時y與x便成反比。

用 表 格 表 示 反 比 關 係

例如在「**$y = 6 \div x$**」這個式子中，用1代入x，則$y = 6 \div 1 = 6$。然後再用1.5代入x，則$y = 6 \div 1.5 = 4$。依此類推，依序將數字帶入x，即可用表格畫出反比的關係。

（表2）「$y = 6 \div x$」的表格

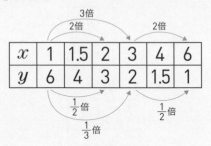

反 比 關 係 圖

將（表2）的數點在方格紙（座標）上，然後連成一條平滑的曲線，即可畫出如下的**反比關係圖（$y = 6 \div x$）**。

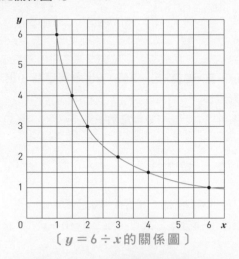

〔$y = 6 \div x$ 的關係圖〕

如上圖所見，反比的關係圖必然是條**圓滑的曲線**。

第 12 章

排列組合

1 排列

終於到了最後的單元

「排列組合」是也。

我完全不記得這個詞耶⋯

排列組合就是「某件事的可能結果有幾種情況」的問題，

跟國中後才會學的「機率」息息相關。

啊——！機率！

排列組合基本可分為

「排列」

和

「組合」

這兩種。一起來學習如何區辨兩者的不同吧。

區辨不同⋯

好——

那首先從「排列」開始。

A、B、C三人在鋼琴課的發表會上輪流演奏。請問三人的演奏順序一共有幾種可能的情形？

A－B－C
A－C－B
B⋯

嗯⋯

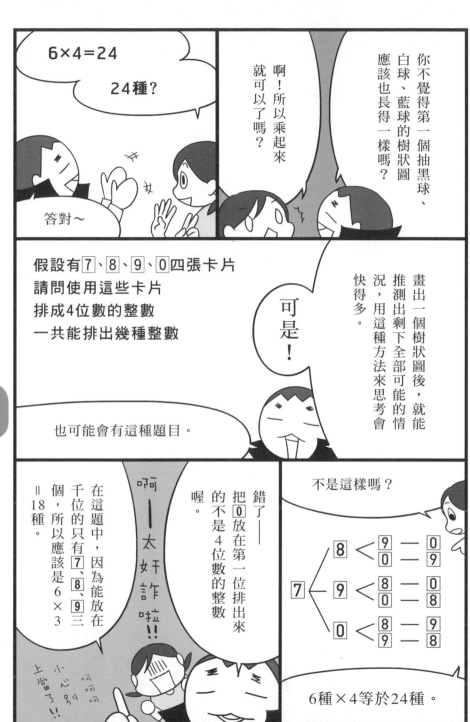

6×4＝24

24種？

答對～

你不覺得第一個抽黑球、白球、藍球的樹狀圖應該也長得一樣嗎？

啊！所以乘起來就可以了嗎？

假設有 7、8、9、0 四張卡片
請問使用這些卡片
排成4位數的整數
一共能排出幾種整數

畫出一個樹狀圖後，就能推測出剩下全部可能的情況，用這種方法來思考會快得多。

可是！

也可能會有這種題目。

不是這樣嗎？

6種×4等於24種。

啊——太奸詐啦!!

錯了——把 0 放在第一位排出來的不是4位數的整數喔。

在這題中，因為能放在千位的只有 7、8、9 三個，所以應該是 6×3 ＝18種。

呵呵
小心別上當了!!

第12章 排列組合

考慮順序→排列

不考慮順序→組合

請大家牢牢記住喔

…三種？

沒錯。一共是
(◎、□)(◎、△)
(□、△)三種。

就是這麼回事

表示組合的時候要像
(A,B) 或 (A,B,C)
這樣寫

將A～D四者
排成(A,B)(A,C)…
這種兩個一組的組合時

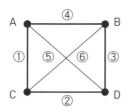

只要像這樣把兩點全部
連起來最後連出的直線數
即是組合的數量
(全部有6種組合)

附錄也可以用這種方法尋找組合喔！

例如 體育比賽的小組賽
對戰表

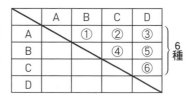

	A	B	C	D
A		①	②	③
B			④	⑤
C				⑥
D				

6種

就只需計算斜線上或
斜線下其中一邊的格數
(6格、6種)

謝謝你 傳教士～

以後也要 自己加油喔 後會有期！

那麼各位 感謝你們 一路奮鬥到這裡！

何 謂 排 列 組 合 ？

排列組合就是「**某件事可能有幾種結果**」的意思。
排列組合大致可分為「**排列**」和「**組合**」兩種。

排 列 問 題 的 解 法

（例題1）從四個人中任選三人排成一排，共有幾種排法？
（例題1的解法）

假設四人分別為A、B、C、D，使其中三人按「最左、中間、最右」的
順序站成一排。然後將A站在「最左」的可能情況用**樹狀圖**（用於舉出
「共有哪些可能」的樹枝形圖表）畫出來後，就如同下圖。

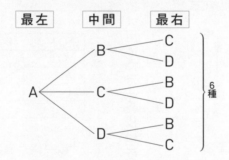

由此圖可知，A站在「最左」時一共有有6種排法。由於B、C、D站在
「最左」時也各自是6種，故全部就是6×4＝**24種**。

組 合 問 題 的 解 法

（例題2）從四個人中任選三人組成一組，共有幾種組法？
（例題2的解法）

假設四人分別為A、B、C、D。從此四人中任選三人一組，一共有
「ABC」、「ABD」、「ACD」、「BCD」**4種**組合。

排列和組合的差異在於考不考慮順序

讓我們用右頁的（例題1）和（例題2）來看看「排列」與「組合」的差異。

（例題1）從四個人中任選三人排成一排，共有幾種**排法**？（答：24種）
（例題2）從四個人中任選三人組成一組，共有幾種**組法**？（答：4種）

（例題1）是排列的問題，**（例題2）是組合**的問題。

首先，在（例題1）中，若從A、B、C、D四人抓出A、B、C**三人排成一排，方法一共有**「A－B－C」、「A－C－B」、「B－A－C」、「B－C－A」、「C－A－B」、「C－B－A」等**6種**。

相對地，在（例題2）中，若從A、B、C、D四人抓出A、B、C**三人組成一組**（因為只是湊在一起，故無關順序），就只有「A、B、C」**1種**而已。
換言之，**排列必須考慮順序，但組合不用考慮順序**。這就是排列和組合的差異。

第
12
章

排
列
組
合

將A、B、C三人 { 排列的方法有6種（考慮順序）
組合的方法有1種（不考慮順序）

⇩

從四人中任選三人 { 排列的方法有24種（考慮順序）
組合的方法有4種（不考慮順序）

後記

呼——

啊——
學了好多!!

有幾十年
沒有這麼
認真學習了——

本書的
製作過程,

第一步
是先寫完
小杉老師(傳教士)
的問題集,

喲咻

嘿咻

非常
淺顯易懂
→

接著一邊
記下自己寫錯
和有疑問的地方,

記在電腦上

然後依照
劇本畫成
漫畫!

嘻嘻嘻

這種好不容易矇過一道道難關的感覺⋯

超——有成就感⋯

真希望我小學時就能遇見傳教士——

還有啊!!

啊

我在解問題集的時候，用了這支可擦式原子筆。

超——有趣的!!

因為擦起來實在太舒服，所以算錯時反而很開心。

用問題集內沒有的顏色來寫複習的時候，就能一目瞭然超級推薦!!

只要有小杉老師和這支筆，說不定我也能考上東大⋯

喂喂喂

編修者的話

本書最大的優點，在於「能用一本書『快樂地』學完小學六年分的數學」。市面上有很多小學一到六年級數學的參考書，但能『快樂』學習的書卻寥寥無幾。

在本書中，各位可以透過擔任老師的我，以及扮演學生之星野裕未小姐的幽默互動，一邊看漫畫一邊學習。我們兩人的對話雖然是以數學為中心，卻處處充滿漫畫才有的笑點。因此可以「有節奏地」在「短時間內」、「快樂地」學習小學六年分的數學。

本書的讀者大致可分為「想教孩子學好數學的父母」以及「想重新複習、鍛鍊腦力的小學生～成人」。

首先，我想問問那些想教孩子學好數學的父母們⋯

「三角形的面積為什麼是『底×高÷2』？」

當您的孩子這麼問時，您會怎麼回答？

您是不是也曾有過明明想為孩子們解決疑惑，卻怎樣也解釋不清楚的經驗呢？

222